머리가 좋다는 건
무슨＿＿뜻일까?

머리가 좋다는 건 무슨 ___ 뜻일까?

뇌과학자가 알려주는 AI 시대 똑똑한 뇌 사용법

모나이 히로무 지음 | **안선주** 옮김

갈매나무

답 없는 문제에 몰두해 본
'뇌'만이 살아남는다

이 책은 '머리가 좋다는 건 무슨 뜻일까?'를 뇌과학 관점에서 살펴본다. 이 물음을 논하기에 앞서 예상되는 질문 세 가지가 있다. 첫 번째는 '그런 말을 하는 저자는 머리가 좋은가?', 두 번째는 '이 책을 읽으면 머리가 좋아지는가?' 그리고 세 번째는 '머리가 좋다는 기준에도 여러 가지가 있는데, 저자는 어떤 기준으로 머리가 좋다고 말하는가?'다.

우선 첫 번째 질문은 피할 수 없을 것 같다. 미리 말해두지만 나는 절대 머리가 좋은 사람은 아니다. 사소한 실수도 잦고 남들은 쉽게 하는 일도 시간이 오래 걸린다. 기억력도 나쁘고 인간관계에도 서툴다. 심지어 재치 있는 말주변도 없다.

그런 사람이 머리가 좋다는 것의 의미를 논할 수 있겠느냐는 의

구심이 들지도 모르지만, 애초에 머리가 좋은 사람이라면 이 말이 무슨 의미일지를 깊이 생각하지도 않을 것이다. 나는 머리가 좋은 사람이라면 바로 이해하는 것도 시간을 오래 들여 텍스트로 꼼꼼하게 정리한다. 그렇게 고지식하게 작업해야 이해할 수 있다. 내 머리로 생각하고 내 말로 써봐야 비로소 이해할 수 있다. 누구보다도 머리가 좋아지고 싶고, 그럴 수만 있다면 어떤 노력이라도 할 터이기에 이 주제로 책을 쓸 수 있다고 생각한다.

나는 오랫동안 뇌를 연구해 왔다. 뇌과학이라는 학문은 상당히 넓은 분야를 포괄하는데 그중에서도 '머리가 좋다는 건 무슨 뜻일까?'라는 주제에 관심이 끌렸다. 특히 '머리가 좋다'는 말의 의미를 시험에서 1등을 차지하는 단순한 측면에 국한하지 않고(그것도 물론 중요하지만), 동물과 인간은 어떻게 다른지, 인간다운 게 무엇인지에 초점을 맞춰 해답을 모색해 왔다. 이 책은 지금까지 연구를 해오면서 깨달은 '머리가 좋다는 말의 의미'를 뇌과학적으로 다각도에서 조명하고 그 결과물을 정리한 것이다.

다음으로 두 번째 질문에 답하자면 이 책은 머리를 좋게 하는 방법을 알려주는 책은 아니다. 안타깝지만 누구에게나 있을지도 모르는 감춰진 재능을 발굴해 내는 마법 같은 건 없다. 이 책의 목표는 '머리가 좋다'는 것의 의미를 뇌과학적으로 충실히 정리하는 데 있다.

마지막으로 세 번째 질문에 대한 답이다. 사람들은 머리가 좋다고 하면 기억력(암기력)이나 지능지수(IQ)를 떠올릴 것이다. 이 책에서는 이같이 수치로 나타낼 수 있는 지능뿐 아니라 수치로는 측정할 수 없는 '비인지 능력'에 대해서도 다룬다. 비인지 능력은 특히 교육 현장에서 '인생을 풍요롭게 하는 힘'으로 주목을 받는 사회적역량이다. 예를 들어 끈기와 꺾이지 않는 마음, 꺾이더라도 다시 일어서는 힘, 어려움을 견디는 힘, 끝까지 생각하는 힘 등을 들 수 있다. 제일 먼저 1장에서 살펴보겠다.

이와 같은 머리의 작용은 모두 뇌에서 이루어진다. 우리가 느끼는 현실은 모두 뇌가 만들어 낸다. 2장에서는 머리가 좋다는 것의의미를 이해하는 데 빠질 수 없는 '뇌란 어떤 장기일까?'에 관해 감각 입력, 예측 모델, 반응이라는 세 측면에서 깊이 들여다본다. 이어서 3장에서는 머리가 좋다는 말의 의미를 이해하는 데 중요한 열쇠인 '시냅스 가소성'에 대해 알아본다.

4장부터 7장까지는 머리가 좋은 사람의 특징을 몇 가지 요소로나눠 순서대로 살펴본다. 먼저 4장에서는 많은 사람이 궁금해하는'기억력'에 대해 알아본다. 여기서는 특히 망각의 중요성을 다룬다. 5장에서는 생각한 대로 신체를 움직일 수 있는 것도 '머리가 좋다'는 뜻이라는 관점에서 감각과 운동이 어떻게 뇌에서 처리되어 표현되는지를 알아본다. 6장에서는 뇌과학 관점에서 예술과 창조성을 살펴보고자 한다. 7장에서는 타인의 마음을 이해하는 능력과 공감 능력, 의사소통 능력에 초점을 맞춰 감성지수(EQ)와 사회정서적 역량에 대해 살펴본다.

뇌는 많은 에너지를 소비하는 장기로, 비인지 능력을 계속해서 발휘하기 위해서는 뇌 속 신경세포인 뉴런neuron에 끊임없이 에너지를 공급해야 한다. 나는 이 작용을 '뇌 지구력'이라고 명명했다. 그리고 여기서 중요한 역할을 하는 뇌세포가 바로 나의 주요 연구 분야인 '별아교세포(아스트로사이트astrocyte)'다. 8장에서는 뇌 지구력을 담당하는 별아교세포의 작용을 소개한다.

마지막 9장에서는 피해 갈 수 없는 뇌와 AI의 비교를 통해, AI 시대에 필요한 진정한 지성의 의미를 제시하고자 한다. 그 결과에 이르기까지의 시행착오 과정을 함께 즐겨주길 바란다.

지금부터 '머리가 좋다'는 말의 의미를 뇌과학적으로 들여다보면서, 우리 목적지에 다다르기 위한 사색의 여정을 시작해 보자.

머리가 좋다는 건 무슨 뜻일까?

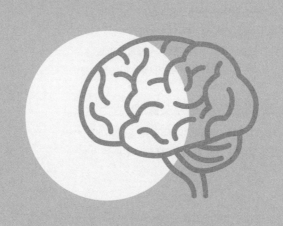

Part 1

좋은 머리는
타고나는
것일까?

1.

당신의 머리가
나쁘다는 착각

뇌 없이도 생각하는
생물이 있다!

먼저 '머리가 좋다'라는 말에 대해 생각해 보자. 평소 흔히 쓰이지만 저마다 떠올리는 생각이나 정의가 다를 것이다. 머리가 좋다 혹은 나쁘다와 같이 이분법으로 구분하는 것은 인간의 좋지 못한 습성이지만, 본디 머리가 좋은 사람들은 어떤 특징이 있을까? 이들은 뇌세포가 많을까, 아니면 뇌세포를 사용하는 방법이 다를까? 그렇다면 '좋은 머리'를 결정하는 건 과연 뇌뿐일까? 지금부터 차근차근 살펴보자.

"이 단세포야!"라는 말을 들으면 대부분 '머리가 나쁘다'고 무시당했다는 생각이 들 것이다. 그런데 정말로 이는 같은 의미일까? 거기다 "뇌가 없냐!"라는 말까지 들으면 부아가 치밀어 오를 것이다. 다시 말해 대부분은 '세포가 많아야 머리가 좋다' '뇌가 지능을 결정하는 필수적 장기'라고 믿는 것이다.

사람의 뇌에는 무려 천억 개에 달하는 뇌세포가 있다고 추정된다. 일반적으로는 이 세포들로 구성된 복잡다단한 정보 처리가 지능을 결정하는 요소라고 본다. 여러분은 그러한 뇌가 어떤 방식으로 지능이나 지성을 발휘하는지 여기에 쓰였으리라는 흥미와 기대를 안고 이 책을 펼쳤을 것이다. 나 또한 언젠가는 그런 책을 쓰고 싶다는 생각으로 아이디어를 구상해 왔다. 적어도 그날 전까지는 말이다.

하나의 세포가 학습부터 기억까지?!

대학에서 일하다 보면 실로 다양한 사람들이 연구실을 방문하는데, 그날도 한 학생이 상담하고 싶다며 찾아왔다. 내용인즉슨 고교 시절부터 '점균'이라는 생물의 매력에 심취해 있는데, 우리 연구실에서 점균에 관한 실험을 이어 나가고 싶다는 것이었다. 처음에는 당황했지만, 기본적으로 부탁을 받으면 거절하지 못하는 데다가 나 역시 고교 시절에 생긴 흥미 덕분에 뇌과학자가 되었으므로 결국에는 그렇게 하라고 답했다. 그러면서 머릿속으로는 '분명 점균은 뇌가 없을 텐데…'라는 생물학적 지식을 떠올렸다. 그런데 그 학생의 설명을 들은 순간, 점균에 관한 어떤 사실을 깨달으면서 인생관이 달라질 만한 충격을 받았다.

그 학생이 가방에 늘 넣고 다닌다는 점균의 정식 명칭은 진성 점균에 속하는 황색망사점균*Physarum polycephalum*이다. 말 그대로 노란색을 띠는 곰팡이 같은 뭉치로, 이를테면 아메바 같은 것이다. 그런데 이 점균이 실은 보통이 아니다. 무려 미로의 최단 경로를 찾는 문제를 풀 수 있다는 것이다. 미로 정도는 우리 연구실에서 키우는 쥐도 풀 수 있다고 생각했는데, 설명을 더 들어보니 놀랍게도 점균은 오직 하나의 세포로 이루어진 단세포라는 게 아닌가.

오직 하나의 세포가 학습도 하고 기억도 한다! 한 실험에서 JR(일본 철도) 노선도의 도쿄역에 해당하는 지점에 점균을 올려두고 간토 지방 주요 역에 먹이를 뿌렸더니 점균이 지나간 경로가 거의 일치했다. 이 놀라운 사실을 잇달아 발견하고 점균 연구로 이그노벨상Ig Nobel Prize (미국 하버드대학교의 유머과학잡지사에서 기발한 연구나 업적에 대해 주는 상—옮긴이)을 두 번이나 수상한 홋카이도대학교의 나카가키 도시유키中垣俊之 교수는 점균을 '지성의 맹아'라고까지 평했다.

그러니 '단세포' '무뇌'와 같은 말들은 더 이상 모욕적인 말이라 할 수 없는 셈이다. 뇌가 없어도 학습하고 기억할 수 있으니 말이다. 천억 개에 달하는 세포를 지닌 뇌 연구에 평생을 바쳐온 나는 다리에 힘이 풀렸다. 그럼 '뇌는 무엇을 위해 존재한단 말인가?'

뇌는 생각만큼 합리적이지 않다

지금까지 나는 뇌를 이해하면 그 수수께끼가 풀릴 거라는 생각으로 연구해 왔다. 그런데 점균 이야기처럼 뇌가 없어도 지능적인 움직임이 가능하다는 사실을 알게 되었다.

예를 들어 개미 떼나 정어리 같은 물고기 떼는 한 마리 한 마리가 매우 단순한 규칙에 따라 움직이지만, 서로 소통하는 네트워크 전체를 놓고 보면 마치 지능을 지닌 것처럼 복잡한 양상을 띠기도 한다. 이를 '창발創發 현상'이라고 부른다. 어쩌면 뇌세포가 유발하는 복잡한 움직임도 이 창발 현상일 수 있다. 지금 전 세계를 떠들썩하게 하는 인공지능AI, Artificial Intelligence이 사람보다 영리해지는 싱귤래리티singularity, 즉 창발 현상이 발현하는 특이점이 초읽기에 돌입했다고 한다. 그렇다면 인터넷이나 도시, 우주에 빛나는 별들조차 지능을 가졌을지 모른다.

그럼 뇌는 단순히 뇌세포의 상호 작용을 원활하게 만들어 네트워크 형성을 돕는 요람이나 틀에 불과한 것은 아닐까? 이러한 의구심을 가지고 뇌과학책을 다시 읽어 보면서 나는 '뇌가 반드시 현실을 바라보는 것은 아니다' '우리가 보는 것은 뇌가 만들어 낸 환상이다' '의식이 있는 뇌는 생각만큼 합리적이지 않다'라는 수많은 충격적인 사실을 깨달았다.

머리가 좋다는 건 무슨 뜻일까?

그래서 나는 '도대체 뇌는 무엇을 위해 존재할까?' '뇌가 없으면 머리가 좋다는 말은 성립할 수 없을까?'와 같은 질문의 출발선에 서서 다시 연구를 시작하기로 마음먹었다. 이 책은 그러한 나의 시행착오를 발판으로 시작되었다.

인공 '지능'과 인간 '지성'의
결정적 차이

나는 대학에서 생리학 physiology 과 생물역학 biomechanics 을 가르치고 있다. 전문 분야인 신경생리학 neurophysiology 을 근거로 다양한 생리현상, 근육과 장기의 움직임, 동물에게 운동한다는 것은 근본적으로 어떤 의미일지 등을 최신 연구 사례를 들어 설명한다.

뇌가 사령탑 역할을 하는 것은 분명하다. 당연한 말이지만 먼저 신체가 있어야 하고 뇌는 신체의 종속물로 보아야 한다는 생각이, 연구를 할수록 확고해진다. 장을 제2의 뇌라고 부를 만큼 오히려 생물에게는 장이 본질이고 뇌는 제2의 장에 불과할지도 모른다.

지금까지는 뇌만 연구하면 뇌를 이해할 수 있으리라 생각했는데, 그 생각이 탁상공론에 불과하다는 것을 실감했다. 다시 말해서 뇌를 이해하려면 신체와의 연관성을 떼어놓고 생각할 수 없으므로 신체를 이해하는 작업도 무척 중요하다. 그래서 최근에는 연구 범위를 넓혀 장은 물론이고, 신체를 생각한 대로 움직인다는 것의 의미에 관해서도 연구하고 있다.

뇌에 관한 흥미는 변함이 없지만, 새로운 사실을 알게 될수록 의문이 생긴다. '뇌는 정말 필요할까? 없어도 되는 것은 아닐까?' 이러한 극단적인 가설을 세우고 검증해 나가는 작업은 꽤 즐겁다. 모든 사물을 철저히 의심하고 의심을 거듭한 끝에 그것을 의심하는 나라는 존재는 의심할 여지가 없다며, "나는 생각한다. 고로 나는 존재한다"라는 명제를 도출하는 경지까지 도달한 르네 데카르트René Descartes에 경의를 표한다. 그러나 나라는 존재조차 뇌가 만들어 낸 해석일지도 모른다. 여전히 의심의 여지는 남아 있다.

AI에는 없지만 인류에게는 있는 것

나의 연구 주제는 한마디로 표현하면 '뇌가 살아 있다는 건 무슨 의미일까?'로 집약된다. 이는 생물학적 질문인 동시에 철학적 질문이다. 어째서 나는 당신의 뇌가 살아 있다고 말할 수 있는 걸까? 어째서 나는 나의 뇌가 살아 있다고 말할 수 있는 걸까?

뇌과학을 공부하면서 뇌는 세포의 집합이고, 화학물질로 작동하는 장기의 하나임을 알게 되었지만, 세포와 화학물질이 어떻게 해서 뇌 기능을 일으키는지에 관한 명확한 답은 아직 찾지 못했다. 뇌에 관해서는 모르는 점이 더 많다. 다만 뇌세포를 모은다고 해서 뇌가 되는 것은 아닌 듯하며, 신경 회로neural circuit가 어떻게 구성되어 어떤 규칙으로 뇌가 되는지, 뇌가 살아 있다는 건 무슨 의미인지 나름대로 가설을 세울 수는 있다.

뇌는 단순한 세포의 집합체가 아니다. 정보를 전달하는 신경세포 네트워크를 바탕으로 시시각각 변화하는 환경과 상호 작용하는 것이 바로 뇌가 살아 있다는 의미다. 하지만 이것이 뇌가 '지성'을 갖는 이유가 될 수는 없다. 지능은 답이 있는 물음에 신속하게 답을 내놓는 능력이고, 지성은 답이 없는 물음에 답을 내고자 하는 행위와 과정 그 자체라고 생각한다. AI처럼 단순한 규칙에 기반한 지능은 생길 수 있겠지만, 지성이란 도대체 무엇이고 어디에서 생겨나는 것인지 아직 명확한 답은 찾지 못했다.

AI가 똑똑해질수록 인류는 멍청해질까?

AI의 지능을 논할 때 자주 거론되는 실험이 있다. 바로 컴퓨터과학의 아버지로 불리는 수학자 앨런 튜링Alan Turing이 제안한 '튜링 테스트

Turing test'다. 먼저 피험자에게 건넛방 존재가 사람인지 컴퓨터(AI)인지 알려주지 않은 채 텍스트로 대화를 나누게 한다. 실험 후 피험자가 상대방을 사람이라고 느꼈다고 대답한다면, 방 안의 AI를 '인간에 상당하는 지능이 있다'고 판단하는 것이다.

튜링 테스트에 대한 반론으로 고안된 '중국어 방'이라는 실험도 있다. 역시 피험자가 건넛방 사람 혹은 컴퓨터(AI)에게 중국어 텍스트로 된 질문을 던진다. 단, 방 안에는 중국어 번역에 해당하는 텍스트가 준비되어 있어 상대방은 중국어를 할 줄 몰라도 답을 말할 수 있다. 따라서 이런 경우 답을 말했다고 해서 중국어를 이해한다고는 볼 수 없다는 것이 미국 철학자 존 설John Searle의 주장이다. AI의 원리란 결국 이와 같다는 것이다.

구글 번역기나 챗GPT에게 질문을 던지면 놀라울 정도로 막힘 없는 답이 돌아온다. 어쩌면 과거의 전화교환원이나 콜센터처럼 인터넷 너머에서 숙련된 상담원이 답을 작성하고 있을지도 모른다. 혹은 그 반대일 수도 있다. 얼마 전 아마존에 채팅으로 문의할 일이 있었다. 상담원에게는 그럴듯한 이름도 있었기에 당연히 사람인 줄 알고 대화했는데, 지금 생각해 보니 진짜 사람이었는지 의심이 든다.

'컴퓨터에는 지성이 있을까?' '인간과 컴퓨터 가운데 어느 쪽이 영리할까?'와 같은 논의는 오래전부터 있었다. 이 책의 목적은 그러한 논의에 결론짓기보다는 오히려 지금 시대에 인간에게 필요한 지성이란 무엇인지를 생각해 보자는 데 있다. 다시 말해서 'AI 시대에 필요한 지성이란 무엇인가'가 이 책의 주제다.

AI가 똑똑해질수록, 더 똑똑한 인간이 있다고 믿고 싶은 것이 인지상정이다. 최근 들어 영재나 영재교육이 더욱 주목받는 현상은 이러한 시대적 산물일 수 있다.

재능은 영어로 기프트gift(하늘에서 내려준 선물), 다른 사람에게는 없는 재능을 지닌 사람은 기프티드gifted라고 한다. '천부적 재능'이나 '신동'이라는 말이 있는 것처럼 어린 시절부터 성인 못지않은 재능을 발휘해 세상을 떠들썩하게 하는 경우가 종종 있다. 다만 "스무 살이 넘으면 다 평범한 사람이 된다"라는 말도 있는 것처럼, 어린 시절에는 또래보다 할 줄 아는 것이 많았지만 자라면서 그 특별함이 옅어지는 경우가 흔하다.

나도 내 아이가 어렸을 때는 계속해서 새로운 일을 해내는 모습을 지켜보며 '어쩌면 천재일지도 모른다'라고 생각했다. 다른 아이보다 일어서기가 빠르거나 말을 잘할 때면 더욱 그랬다. 그런데 다른 집 이야기를 들어보니 대부분 비슷한 상황이었다. 가령 또래보다 몇 개월 정도 빨랐어도 그 차이는 오차 범위에 들므로 언젠가는 누구나 다 할 수 있게 되더라는 것이다(그럼에도 내 아이는 어떤 면에서 천재일 거라고 믿지만 말이다).

머리가 좋다는 건 무슨 뜻일까?

부모는 대부분 내 아이에게서 특별한 재능을 이끌어 내고 찾고 싶어 한다. 그 이유는 무엇일까. 머리가 좋다는 데에 어떤 이점이 있다고 느끼는 걸까.

AI 시대에 필요한 지성이란 무엇인가

머리가 좋다고 하면 대부분 지능지수, 즉 IQ intelligence quotient를 떠올릴 것이다. 지금이야 친숙한 말이지만, 본래 IQ는 지능의 척도를 나타내는 지표로 개발된 것은 아니다.

1905년 프랑스의 심리학자 알프레드 비네Alfred Binet와 테오도르 시몽Théodore Simon은 초등학교에서 특별 지원이 필요한 아이들을 식별해 내기 위한 목적으로 지능 테스트를 개발했다. 특정 연령이라면 이 정도는 할 수 있다는 인지 과제를 주고 나이별 기대되는 성적과 비교하는, 이른바 정신연령으로 아이들의 지능을 평가한 것이다. 당연한 말이지만, 뭐든 빠르게 습득하는 아이가 있는가 하면 더딘 아이도 있기 마련이다. 두 심리학자가 개발한 테스트의 목적은 어디까지나 특별 지원이 필요한 아이들을 알아내는 것이었지 우열을 가리기 위한 것은 아니었다.

이처럼 IQ 테스트의 개발 목적은 학습에 어려움을 겪는 아이들을 돕기 위한 것이었고, 비네는 "우리가 개발한 테스트가 인간의 우열을 가리는 용도로 쓰이지 않기를 바란다"라고 말했다. 그러나 유감스럽게도 그가 세상을 떠난 후 우려가 현실이 되어버렸다.

1916년 미국의 심리학자 루이스 터먼Lewis Terman은 비네·시몽 테스트를 발전시킨 스탠퍼드·비네 지능 검사를 개발해 미국에 보급했다. 이 테스트는 IQ를 정신연령÷생물학적(생활) 연령×100으로 계산했다. 1939년 데이비드 웩슬러David Wechsler는 웩슬러 성인 지능 검사WAIS, Wechsler Adult Intelligence Scale를 개발했다. 이 검사는 언어 능력과 공간 인식, 퍼즐 해결 같은 비언어적 능력을 측정하는 항목으로 이루어졌으며 보완을 거쳐 지금도 널리 사용되고 있다. 20세기 초반에서 중반에 걸쳐 한 번에 많은 사람을 평가할 수 있는 그룹 IQ 테스트가 개발되었다. 이는 1차 세계대전과 2차 세계대전 때 군인들의 적성을 평가하는 데 사용되었다.

이후 몇몇 연구자가 IQ 테스트는 언어나 논리적 사고를 지나치게 중시해 창의성, 감성지능, 대인 지능과 같은 다른 중요한 능력을 고려하지 않는다고 지적했다. 또 문화와 교육 환경이 IQ 테스트 결과에 큰 영향을 미치므로 특정 문화권이나 환경에서 자란 사람들에게는 불공정할 수 있다는 우려도 제기되었다.

그런데도 왜 IQ 테스트가 널리 보급되었을까? 물론 잘 만들어진 지표라는 점은 명백한 사실이다. 특히 우수한 학업성적이나 사회적 성공과도 비교적 관련성이 높아 예측의 기준이 된다. 그래서 교육 현장에서 학생을 지도하거나 진로를 선택할 때 적성을 판단하는 참고 자료로 활용되는 경우가 많다.

많은 연구를 통해 IQ 점수와 생애임금의 상관관계가 밝혀졌다. 일반적으로 IQ 점수가 높은 사람은 학업이나 직업 면에서 좋은 성과를 거두고 좀 더 높은 경제적 보상을 얻는 경향이 있다. 그러나 그 관련성이 반드시 직접적이고 높은 것은 아니다.

생애임금에는 IQ뿐만 아니라 다양한 요인이 영향을 준다. 예를 들면 가정환경, 교육, 사회적 네트워크, 직업 선택, 노동시장 상황, 지역, 개인의 노력과 능력, 운 등 다양한 요소가 얽혀 생애임금이 정해진다. 따라서 IQ와 생애임금 사이에 명확한 인과관계를 찾아내기는 어렵다는 게 내 생각이다.

IQ가 높다고
머리가 좋은 건 아니다

일반적으로 IQ 130 이상이면 영재라고 본다. 이 점수가 높을수록 추상적 개념이나 복잡한 문제를 이해하고 해결하는 능력이 뛰어나다고 할 수 있다. 영재는 새로운 정보나 기술을 빠르게 배울 수 있고 단기간에 높은 수준의 역량을 습득할 수 있으므로 사회에서 핵심 인재가 될 수 있다.

이들은 호기심이 강해서 다방면에 흥미를 느끼며, 끊임없는 지적 탐구력과 남다른 사고방식을 지닌다. 높은 집중력을 발휘해 장시간에 걸쳐 연구나 작업에 몰두할 수도 있다. 감수성이 풍부해 감정을 다채롭게 표현할 줄 알아 예술 분야에서 두각을 드러내기도 한다. 따라서 영재는 IQ만으로는 측정할 수 없는 창의성, 리더십 등을 지니며 운동과 예술 등 다양한 분야에서 두드러진 재능을 발휘하는 사람이라고 할 수 있다.

이러한 기준에 부합하는 인물은 역사 속에도 많다. 어쩌면 역사는 영재들이 움직여 온 건 아닐까. 그들은 타인과 다른 독창적인 방법으로 문제를 해결하고, 새로운 것을 발견하고 혁신적인 아이디어를 내는 방식이 뛰어나다. 그래서 타인에게 좌우되지 않고 확고한 가치관을 정립해 자신만의 길을 나아간다.

왜 천재는 타인과 어울리기 어려울까?

최근에는 영재들이 재능을 마음껏 발휘할 수 있도록 지원해 주는 특별 교육 프로그램이 운영되고 있는데, 개별지도를 비롯해 연령별 학습 단계보다 앞서서 가르치는 조기교육acceleration, 통상적 교과 범위를 넘어 좀 더 깊이 있게 가르치는 심화교육enrichment 등이 유명하다. 이 같은 영재교육은 아이들이 지닌 재능과 잠재 능력을 충분히 발휘할 수 있도록 돕는 것이 목적이다.

일본에서는 문부과학성 주도하에 2023년도부터 영재 지원 사업을 시작하고 있다. 그 내용을 살펴보면 영재교육은 단순히 특출난 재능을 지닌 아이들을 찾아내 일찌감치 투자하려는 목적이 아님을 알 수 있다.

미국 등에서는 '영재교육'을 위해 전통적으로 IQ 점수 등을 기준으로 영역 일반적 지적 능력을 키우는 교육을 고려해 왔으나, 최근에는 이에 더해 영역 특수적 재능을 키우는 교육, 특별한 재능과 학습장애를 동시에 지닌 아동 및 학생에 대한 교육까지 고려하는 방향으로 변화하고 있다. 또한 재능 교육이라고 하면 개인이라는 개별적 존재에 집중하기 쉽다. 하지만 공동 연구로 국제 수준의 연구 성과를 내는 경우도 많으므로 학제적인 다양한 재능의 조합이 획기적인 진전breakthrough을 가져오는 사례가 주목받고 있다.

예를 들어 단순한 과제 해결은 미흡하지만 고도의 복잡한 활동이 뛰어난 아동 및 학생, 대인관계는 서툴지만 상상력이 풍부한 아동 및 학생, 읽기 쓰기에는 어려움이 있지만 예술적인 표현이 뛰어난 아동 및 학생 등 다양한 성향의 아동 및 학생이 일정 비율 존재한다. 그러므로 학교 안팎에서 이와 같은 아동 및 학생을 포함해 모든 타인을 가치 있는 존재로 존중하는 환경을 구축하는 것이 중요하다.

여기서 주목할 점은 '특별한 재능과 학습장애를 동시에 지닌 아동 및 학생'이다. 이들은 '2E, Twice-Exceptional'라고 하는데, '이중으로 특별'하다는 의미다. 영재는 완전무결한 슈퍼맨처럼 인생을 편하게 살 것만 같지만 실은 녹록지 않은 삶을 살아간다는 것이다.

영재들이 겪는 문제 가운데 타인과의 소통이나 사회 적응이 있다. 그들은 자기 생각이나 지식수준이 타인과 많이 다르다는 점 때문에 고립감을 느끼거나 뭘 해도 이해받지 못한다는 감정을 품기도 한다. 또한 자신에게 쏟아지는 기대로 극심한 중압감에 시달리는 경우도 많다. 스스로에게 거는 기대치가 높아 과잉된 자기평가나 자기비판을 하는 경우도 적지 않다. 영재들의 높은 감수성과 풍부한 감정은 인간관계의 어려움을 가져와 일상생활이 힘들어지는 문제를 낳기도 한다. 호기심이나 흥미가 다방면에 걸쳐 있어서 하나에 집중하기 어려운 탓에 과잉행동이나 주의 산만을 보이기도 한다.

결과적으로 영재는 흔치 않은 재능을 선물받았지만, 이를 충분히 발휘하지 못하는 것이다. 아무리 머리가 좋아도 사회와 조화를 이루지 못한다면 행복해질 수 없다. 영재라고 해서 특별 대우를 해야 하는 것은 아니지만, 그들이 재능을 마음껏 발휘할 수 있는 사회적 지원이 미비한 것 역시 사실이다. 인간은 저마다 고귀한 존재고 누구나 나답게 살아갈 권리가 있지 않은가.

VUCA 시대 필요한 뇌의 8가지 기능

현대사회는 앞을 내다볼 수 없는 불확실한 시대라는 의미에서 VUCA 시대라고 불린다. VUCA란 Volatility(변동성), Uncertainty(불확실성), Complexity(복잡성), Ambiguity(모호성)의 앞 글자를 따서 만든 단어로, 현대사회의 복잡하고 불확실한 상황을 나타낸다.

현대사회는 글로벌화, 기술의 급속한 진전, 환경문제, 불안정한 정치적·경제적 상황 등 다양한 요인의 영향으로 VUCA의 특징이 짙어지고 있다. 기업과 조직이 이러한 변화에 대응하기 위해서는 기존의 전략과 경영 방식을 재고해야 할 뿐 아니라 다가올 환경에 적합한 리더십과 의사결정, 유연한 사고와 혁신적 발상이 필요하다. 개개인도 기존의 지식과 기술에 얽매이지 않고 새로운 상황에 대응할 수 있는 유연하고 창조적인 사고력을 갖추는 것이 중요하다.

VUCA 시대에 필요한 역량은 다음과 같다.

1 유연성: 변화에 적응하고 새로운 상황과 과제에 대응하는 능력.

2 창의성: 새로운 아이디어와 해결책을 제시하는 능력.

3 시야의 확장: 다른 분야나 문화로부터 지식과 아이디어를 받아들여 종합적으로 문제를 파악하는 능력.

4 의사소통 능력: 타인과 효율적으로 소통하고 함께 문제를 해결하는 능력.

5 비판적 사고: 정보를 분석하며 논리적이고 독립적인 판단을 내리는 능력.

6 자기주도학습: 학습자 스스로가 의욕을 가지고 새로운 지식과 기술을

지속적으로 배우려는 능력.

7 리더십: 팀이나 조직을 이끌며 목표 달성을 위해 구성원 간의 협력을 독려하는 능력.

8 감성지능: 자신과 타인의 감정을 이해하고 적절하게 대응하는 능력.

이러한 역량은 수치로 나타낼 수 없는 능력이므로 '비인지 능력' 혹은 '사회정서적 역량' 등으로도 불린다.

이 책에서는 VUCA 시대에 매사 끈기 있게 도전하고 좌절하지 않는 뇌의 작용을 '뇌 지구력'이라고 부르기로 한다. 그리고 이 '뇌 지구력'을 중심으로 VUCA 시대를 살아가는 우리에게 필요한 진정한 '지성'을 이야기해 보겠다.

최근 신경과학에서는 AI를 활용한 사물 인식과 자율주행기술 발전에 힘입어 뇌가 지닌 예측 능력에 많은 관심을 보이고 있다. 뇌가 예측을 만들어 내는 장치라고까지 말한다. 지금까지 뇌는 단순히 입력에 대해 적절한 출력을 내보내기만 하는 블랙박스라 여겨졌다. 그런데 그 이상으로 복잡하게 작동한다는 사실을 알게 된 것이다. 그렇다면 도대체 뇌란 어떤 장기인 걸까?

뇌를 이해하기 위한 생각도구①

- '단세포'이자 '뇌가 없는' 점균에도 지능이 있다면 천억 개나 되는 세포로 구성된 뇌는 무엇을 위해 존재하는 걸까? 뇌가 살아 있다는 건 무슨 의미일까?

- IQ 테스트는 지금도 널리 쓰이고 있지만, 측정 기준과 문화적 배경 등에 영향을 받으므로 완벽하다고 할 수 없다.

- IQ가 높고 재능을 타고난 사람들, 즉 영재에 대한 교육이 주목받고 있지만 사실 그들을 위한 사회적·제도적 장치는 미비한 상태다.

- 의사소통 능력이나 사회성, 감성지능 등은 수치로 측정할 수 없으므로 기존의 지능이나 역량과 구별해 '비인지 능력' 또는 '사회정서적 역량'이라고 한다.

- 이 책에서 비인지 능력을 상징하는 단어는 '뇌 지구력'이다.

머리가 좋다는 건 무슨 뜻일까?

2.

뇌가 살아 있다는 의미는
무엇일까?

: 세상과 통하는 뇌

―――

―――

우리 머릿속에서
매 순간 일어나는 일

이제 뇌의 구조를 들여다보자. 그렇다고 느닷없이 뇌세포나 뇌세포를 움직이는 신경전달물질neurotransmitter과 같은 미시적 세계를 이야기하면, 그 작용들이 어떻게 인지구조를 만들어 내는지 아직 밝혀지지 않은 것이 많은 지금으로서는 인지과학이나 심리학과 세포 차원의 신경과학 사이 간극만 느끼게 될 것이다.

　이번 장에서는 뇌를 인간과 외부 세계와의 인터페이스라고 가정하고 그 입력과 출력 과정을 살펴보자. 뇌는 기계장치와 달리 입력에 대해 일정한 출력을 내지 않는다는 사실을 막연하게나마 알고 있을 것이다. 지금부터 그 메커니즘을 최신 뇌과학을 토대로 설명해 보려 한다.

뇌라는 블랙박스

눈앞에 상자가 있다고 가정해 보자. 상자 안에 무엇이 들어 있는지 알고 싶다면 어떻게 하겠는가? 우선 겉을 살펴보고 만져보거나 들어서 무게를 확인하고 흔들어서 소리가 나는지 귀도 대볼 것이다. 이 검사는 무언가를 입력한 뒤 출력을 확인하는 블랙박스 테스트로, 내부를 볼 수 없는 상자 속 내용물을 추정하는 일반적 방법이다. 흔들어 본다는 행위 자체가 무의식적 블랙박스 테스트인 셈이다.

　뇌도 블랙박스라고 한다면, 이와 같이 입력하고 출력을 확인하는 방법으로 뇌를 이해할 수 있다. 그래서 지금까지 뇌는 입력된 신호를 통과시키는 필터로 기능하며, 특정한 계산을 거친 뒤 반응이나 행동을 출력하는 연산 장치로 여겨졌다(그림 ①).

　하지만 뇌 연구가 진전되면서 뇌는 단순한 필터나 연산 장치가

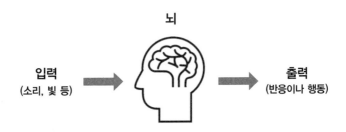

그림 ① 뇌는 단순한 필터나 연산 장치라는 기존 인식

머리가 좋다는 건 무슨 뜻일까?

아니라는 사실이 밝혀졌다.

뇌로 들어오는 입력으로는 소리나 빛처럼 오감을 중심으로 한 감각자극이나 심박수, 수분량 등 몸의 상태를 알리는 신호도 있다. 이러한 몸이 보내는 정보를 감지하는 구조를 '내수용성감각'이라고 한다. 이 감각은 말초에서 중추로 향해 전달되는 정보이므로 '상향식 bottom-up 입력'이라고 부른다. 이처럼 상향식으로 뇌에 입력되어 지각에 이르는 과정이 뇌의 '제1필터', 즉 '감각 필터'이다.

이와는 반대인 '하향식 top-down 입력'도 있다. 뇌는 경험이나 기억을 토대로 예측을 생성해 뇌내 모델을 형성하고 이를 참조해 출력한다. 이 뇌내 모델이 우리가 느끼는 뇌의 본질일 수 있다. 즉 뇌에는 뇌 스스로가 만들어 낸 입력이 시시각각 들어온다. 이 뇌내 모델의 참조 과정은 뇌의 '제2필터'에 해당한다.

뇌는 상향식 입력과 하향식 입력을 대조한 뒤 상응하는 반응을 출력한다. 예를 들어 눈앞에 놓인 커피잔을 들 때 눈으로 대강의 거리를 파악하고 이를 운동 뇌내 모델과 대조한 뒤 어느 정도의 속도와 근력으로 팔을 뻗칠지를 결정해 팔근육을 움직인다. 이와 동시에 팔을 움직인 만큼 무게중심이 앞으로 쏠리므로 넘어지지 않도록 자세를 잡기 위해 전신의 근육을 조절한다. 그 결과 생각한 대로 커피잔을 들었다면 성공이다. 만일 오른쪽으로 10센티미터가 어긋났다면 궤도를 다시 설정해 뇌내 모델을 수정해 나간다. 이 예시처럼,

일반적으로 뇌에서 지정한 출력을 어떻게 표출할지를 결정하는 과정이 뇌의 '제3필터'이다.

뇌는 스스로 실행한 반응이나 행동의 결과로 나타난 내외부 환경 변화도 다시 상향식 입력으로 받아들인다. 이를 '피드백feedback'이라고 한다. 이 상향식 입력에는 게이트gate가 있고 이곳에서 주의를 기울여 의식적으로 처리할 것과, 비의식적으로 처리할 것을 취사선택한다. 하향식 입력에서는 뇌내 모델이 시시각각 수정된다. 이 프로세스가 곧 학습이며, 뇌는 기억을 바탕으로 새로운 예측을 만들어낸다.

뇌내 모델이란 뇌가 외부 환경이나 신체 상태를 이해하기 위한 가상의 장치이다. 예측, 지각, 행동 제어, 학습 등 다양한 인지 기능에서 중요한 역할을 한다. 예를 들어 뇌내 모델을 사용해 현재에서 미래 상황을 예측하거나 감각 입력을 해석하고 신체의 움직임을 계획하기도 한다.

이 책에서는 뇌를 단순히 입력과 출력 사이의 연산 장치로 생각하는 낡은 개념(그림 ①)에서 벗어나 지금까지의 설명을 종합해서 세분화된 뇌 관계도(그림 ②)를 제시하려 한다. 각각의 요소를 하나씩 살펴보자.

머리가 좋다는 건 무슨 뜻일까?

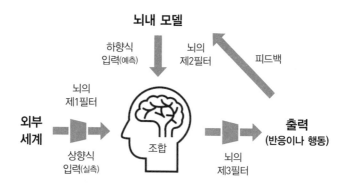

그림 ② 뇌의 세 가지 필터

스트레스라는 아이러니

본래 모든 생물에는 내부 환경을 일정한 상태로 유지하는 구조가 있다. 이를 '항상성 homeostasis'이라고 한다. 생물이 살아 있다는 것은 항상성이 유지된다는 뜻이고, 약간의 변화가 있더라도 거기에 적응해 화학적·물리적으로는 일정하게 유지될 수 있도록 반응을 반복한다. 이 약간의 변화를 넓은 의미에서 '스트레스 stress'라고 한다.

스트레스라고 하면 심리적 상태를 떠올릴 테지만, 빛을 느끼거나 소리가 들리는 것도 어떤 의미에서는 스트레스다. 이 스트레스에 적응해 항상성을 유지하려는 반응을 '스트레스 반응 stress reaction'이라고 한다. 이와 같은 생체 반응을 다루는 학문이 '생리학'이다. 일상에서 경험하는 다양한 스트레스 반응은 그 자체로 생리학의 교과서이자 생리학 만물상이나 다름없다.

뇌는 항상성을 유지하기 위해 심박수, 호흡, 배고픔, 통증, 체온변화 등을 감지하는데, 앞서 설명한 것처럼 이러한 자기 신체 상태에 대한 감각을 '내수용성감각'이라고 한다. 이 정보들은 평소에 자기 신체를 어떻게 느끼는지, 무엇이 필요한지를 이해하는 데 도움이 된다.

예를 들어 갑자기 말벌이 날아오면 심장이 두근거리고, 소화 기능이 떨어지고, 털이 곤두서고, 근육이 긴장하고, 동공이 확장되는 등 여러 장기와 신체 기관이 동시다발적으로 반응한다. 이를 조절하는 것이 자율신경계이고, 그 구성 요소인 교감신경은 '맞설 것인가, 도망갈 것인가'와 같은 행동을 촉진하는 반응을 일으킨다. 반대로 부교감신경은 긴장을 이완시키고, 심박수를 낮추고, 소화를 촉진하고, 졸음을 유발한다.

우리는 외부의 적으로 보이는 대상을 만났을 때 이와 같은 신체변화와 동시에 불쾌감이나 기피, 공포 등을 느낀다. 곤충부터 사람까지 생물의 공통된 이러한 원시적 반응을 '정동情動'이라고 한다. 정동은 생리적 반응이나 내수용성감각을 감지한 뇌의 스트레스 반응으로, 이러한 반응을 촉진하거나 새로운 위협을 공포 기억으로 받

아들여 예측을 만들어 내 다음번에 비슷한 상황이 일어났을 때 즉
각 반응하도록 돕는 작용을 한다.

2. 뇌가 살아 있다는 의미는 무엇일까?

뇌는 세상을
어떻게 지각하는 걸까?

감각은 뇌를 활성화하지만, 우리가 모든 감각 입력을 느끼는 것은 아니다. 여기서 문제가 되는 것이 '의식'이다. 보통 모든 감각을 의식한다고 생각하지만, 신체 정보 중에는 의식에 이르지 않고 처리되는 것도 있다. 오히려 더 많다. 감각 정보가 의식에 이르는 것을 '지각perception'이라고 한다. 지각을 담당하는 부위는 주로 대뇌피질cerebral cortex이라고 알려졌는데, 신체의 각종 센서에서 생성된 상향식 입력이 대뇌피질로 전달되어 정식으로 지각하기까지는 몇 가지 장벽이 있다. 이를 앞서 '제1필터'라고 명명했다. 이 과정을 순서대로 살펴보자.

시끄러운 카페에서 '그 소리'만 잘 들리는 이유

후각을 제외한 감각 정보는 대뇌피질에 투사되기 전에 '시상thalamus' 이라는 뇌 부위에서 중계를 거친다. 시상에서는 어느 정보를 대뇌 피질로 보낼지를 취사선택한다. 이 과정을 '감각 게이트 메커니즘' 이라고 부르는데, 정보의 대부분은 대뇌피질로 보내지지 않고 비의 식적으로 처리된다. 앞서 설명한 것처럼 외부의 적을 만났을 때 일 어나는 정동이나 그에 따른 심박수 상승 같은 신체 변화는 비의식 적으로 나타난다. 이 신체 변화를 뒤늦게 지각해 '무섭다'라고 해석 하는 것이다.

예를 들어 비행기를 탔을 때 처음에는 거슬리던 큰 소음이 어느 새 신경 쓰이지 않는다. 정보량의 변화가 없는 소음은 더 이상 지각 하지 않아도 된다고 처리해 의식에 이르지 않기 때문이다. 만일 소 음에 비정상적인 소리가 섞이면 주의를 기울이게 되어 '이상한 소 리가 들린다'는 지각으로 연결된다. 의식에 이르지 않아도 늘 정보 를 모니터링하되 정보량이 변화하지 않으면 지각하지 않아도 된다 고 판단하는 구조다.

다른 예로는 '칵테일파티 효과'가 있다. 시끄러워서 주변 소리가 잘 들리지 않는 파티에서도 자신의 이름이 불리거나 흥미진진한 이 야기가 들리면 그쪽으로 집중해 정보를 받아들이는 현상을 말한다.

이처럼 우리는 비의식적으로 정보를 취사선택한다.

이 시상의 감각 게이트 메커니즘이 특정한 사람에게는 선천적으로 주어진 하나의 능력이 될 수 있다. 예술가들은 보통 사람들이 무심코 취사선택하는 것도 주의를 기울여 지각한다. 가장 이해하기 쉬운 예가 지휘자다. 지휘자는 몇십 명이 모인 오케스트라의 전체 하모니를 듣는 동시에 그 안에서도 플루트 소리만 혹은 트럼펫 소리만을 골라 듣는 능력이 있다. 이러한 능력은 훈련으로도 체득할 수 있지만, 천재적인 음악가는 평범한 사람과는 다른 감각을 타고 나기도 한다.

의식에 이를지 말지 정해지는 기준 가운데 하나로 변화의 크기 혹은 정보량의 크기를 들 수 있다. 비행기 소음처럼 변화가 없는 정보는 점차 지각할 수 없게 된다. 이는 시각도 마찬가지여서 이론상으로는 눈앞에 있는 움직이지 않는 새하얀 벽은 지각할 수 없다. 벽은 변화가 적고 움직임이 없는 것이나 다름없기 때문이다. 그런데 왜 이를 지각할 수 있는 걸까? 눈이 미묘하게 움직이기 때문이다. 사람의 눈을 보면 1초 동안에 세 번 정도 미세하게 움직이는 것을 알 수 있다. 이와 같은 눈의 움직임을 '도약안구운동 saccade'이라고 한다.

우리 뇌는 1초 동안 그림을 세 장씩 연속해서 보여주면 그것을 '움직이는 영상'으로 인식한다. 플립북 flip book 을 떠올리면 이해하기

머리가 좋다는 건 무슨 뜻일까?

쉬울 것이다. 결국 시각이 인식하는 것은 '변화'다. 운전 중에 시선을 이쪽저쪽으로 움직이는 것도 앞서 본 장면에 변화가 있는지를 파악하기 위해서다.

에너지 절약 모드를 해제하려면

뇌는 기초대사량의 20퍼센트를 사용할 정도로 많은 에너지를 소비하는 장기로, 간이나 근육의 에너지 소비량과도 비슷하다. 특히 의식적으로 뇌를 쓰지 않는 멍한 상태일 때조차 에너지를 소비한다. 따라서 뇌는 가능한 한 에너지를 절약하려고 한다. 반드시 올바른 답을 도출하지는 못하지만, 어느 정도 수준에서 정답에 가까운 답을 얻을 수 있는 휴리스틱heuristics이라는 방법을 취하거나, 사안을 판단할 때 지금까지의 경험이나 고정관념을 따름으로써 비합리적으로 사고하는 인지 편향cognitive bias을 일으키는 것도 에너지를 절약하고자 사고 과정을 단축시킨 결과다.

무언가에 주의를 기울이지 않고 멍한 상태일 때 작용하는 뇌내 네트워크를 '디폴트 모드 네트워크default mode network'라고 한다. 예를 들어 안전한 방 안에서 휴식을 취하면서 일상적 일을 처리한다든가 집 근처 편의점에 갈 때 가는 길이나 표지판 등에 주의를 기울이지 않아도 찾아갈 수 있는 것은 바로 이 네트워크가 작동하기 때문이다.

　반면에 새로운 환경에 놓이거나 갑작스러운 일이 일어나면 외부 환경에 주의를 기울이게 되어 다양한 정보를 지각할 수 있다. 흔히 이 상태를 "정신이 번쩍 든다"고 말하는데, 뇌과학에서는 디폴트 모드 네트워크로 활성화될 때가 '나'로서 자기 완결된 상태이고, 정신이 번쩍 들 때는 오히려 밖으로 의식이 향하므로 그 반대 상태가 된다. 이 상태가 되면 '현저성 네트워크salience network'라고 부르는 또 다른 모드로 전환된다. 여기서 더 나아가면 구체적인 문제 해결로 향하는 '중앙 집행 네트워크central executive network'로 전환된다.

　뇌를 활성화하고 스트레스를 해소하는 방법은 일상에서 벗어나 새로운 환경에 몸을 맡기는 것이다. 밖으로 주의가 향하지 않고 '마음이 닫힌' 상태가 지속되면 문제를 야기할 수 있다. 매사를 과민하게 느끼는 상태도 문제지만, 변화를 멀리해서 호기심을 자제하는 상태가 지속되면 뇌의 유연성이 상실된다. 에너지 절약 모드를 해제하고 지속적으로 뇌를 움직이려면 뇌 지구력이 중요하다. 이 점에 관해서는 8장에서 다시 살펴보자.

머리가 좋다는 건 무슨 뜻일까?

같은 걸 보고도 사람마다
생각이 다른 이유

우리가 눈으로 본 것 그대로 지각하지 않는다는 예를 좀 더 들어보자. 최근 출시된 스마트폰 카메라에는 가속도 센서가 장착되어 있어 약간의 움직임도 완벽히 차단하므로 흔들림 없는 사진을 찍을 수 있다. 그러나 예전에는 겨드랑이를 붙이고 허리를 낮춰 미동조차 없어야만 흔들리지 않게 찍을 수 있었다.

생물의 눈은 흔히 카메라에 비유된다. 눈이 단순히 보이는 그대로를 찍는 렌즈라고 한다면 몸을 움직일 때마다, 심지어 호흡으로 가슴이나 머리가 흔들리거나 심장이 두근거릴 때마다 시계視界가 흔들려 사물을 쳐다볼 수 없을 것이다. 그런데 우리는 아무리 격렬히 움직여도 흔들린 영상을 보았다고 느끼지 않는다.

이는 눈으로 보는 정보를 뇌가 보완한다는 근거가 된다. 최신 연구에서 뇌는 과거에 본 영상의 10~15초를 평균화한 영상을 인식한다는 사실이 밝혀졌다. 그러므로 우리가 보는 것은 뇌가 만들어 낸 환상일지도 모른다.

이 밖에도 우리의 눈은 놀라운 점으로 가득하다. 안구 안쪽에는 빛을 받아들이는 스크린과 같은 구조의 망막이 존재하고, 눈의 렌즈를 통과한 빛은 한 점에 모인다. 이것이 초점이 맞는 상태다. 망막에서 가장 초점이 맞는 부위가 황반의 중심와fovea centralis이다. 망막은 빛을 감지하는 세포와 색을 감지하는 세포로 역할이 분담되어 있다. 중심와에는 색을 감지하는 세포가 모여 있어서 색감이 더해져 보이므로 황반이라는 이름이 붙여졌다.

한편 우리 눈에는 초점이 맞는 상 이외에도 주변시peripheral vision가 있다. 주변시를 느끼는 망막 부분에는 색을 느끼는 세포가 적으므로 흑백으로만 보인다. 그런데도 우리는 모든 시야에 색을 느낀다. 게다가 주변시의 중심 외 시력은 중심에서 멀어질수록 저하되고 불투명유리를 통해 보는 것처럼 0.1 정도의 흐릿한 시력만 얻을 수 있다.

망막에는 빛이나 색을 감지하는 세포로부터 받아들인 정보를 뇌에 전달하는 시신경이 다발로 모여 있는 부분이 있다. 여기에는 빛이나 색을 감지하는 세포가 존재하지 않아 '맹점blind spot'이라고 부르는데, 원리상으로는 아무런 상이 비치지 않는다. 실제로는 시야에

결손 부분이 있지만 일상생활에서는 느끼지 못한다.

본래 망막은 2차원 스크린이지만 사람은 양쪽 눈으로 보기 때문에, 입체시가 가능해 3차원으로 사물을 감지한다. 흔히 뇌가 현실 세계를 재구성한다고 말하는데, 지금까지 살펴본 사실을 종합해 보면 완전히 새로운 세계상을 만들어 낸다고 생각하는 편이 합당하다. 다시 말해서 일종의 환각이다.

게다가 지각에는 뇌내 모델이 생성하는 예측에 기반을 둔 하향식 입력도 작용한다. 대뇌피질에서 시상으로 돌아오는 회로가 시상에서 대뇌피질로 투사되는 것보다 오히려 많다는 사실도 밝혀졌다. 즉 대뇌피질에서 나오는 하향식 정보가 시상으로 전달되면 시상에서 상향식 정보와 조합해 감각 입력의 조절과 선택을 수행하는 역할을 한다. 지금까지 한 설명이 뇌 '제2필터'의 정체다.

이제껏 보고 들어서 지각했다고 생각한 현실은 뇌내 모델의 세계였다고 할 수 있다. 상향식 정보는 개개의 감각기관 성능 차이나 감수성에 따라 변화하고, 하향식 입력은 각자의 기억이나 경험을 바탕으로 형성된다. 따라서 뇌의 수만큼 현실이 존재한다고 말해도 과언이 아닐뿐더러, 내가 보는 세계와 타인이 보는 세계는 다를 수밖에 없다. 그런 의미에서 우리가 서로를 이해하기란 얼마나 어려운 일인지 새삼 깨닫는다.

뇌의 사령탑, 전두전야

다음은 뇌의 제3필터에 해당하는 출력에 대해 알아보자. 사람마다 느끼는 스트레스가 다르므로 그에 대한 반응을 어떤 방식으로 드러낼지도 제각각 다르다. 예를 들어 무더위에 땀을 뻘뻘 흘리는 사람이 있는가 하면, 땀이 별로 나지 않는 사람도 있다. 혹은 뇌가 무언가를 느꼈어도 아예 반응하지 않는 선택을 할 수도 있다.

누군가가 농담을 던졌을 때 재미있는데도 웃지 않거나 표정에 변화가 없는 사람도 있다. 내 할아버지가 그런 사람이었다. 주위에서 아무리 재미있는 일이 일어나도 감정을 드러내지 않았는데, 막상 본인은 기쁨과 슬픔과 같은 희로애락을 느낀다는 것이다.

이렇게 말하는 나 역시도 주변 사람들에게 "잘 웃지 않는다"라거나 "지루해 보인다"라는 말을 듣는데, 실은 마음속으로는 박장대소를 터뜨리고 있을 때가 종종 있다. 이는 근육을 움직이거나 감정을 발산하는 방법이 사람마다 다르기 때문이다. 그러니 기쁨이나 슬픔은 말로 표현하지 않으면 전달되지 않는 법이다.

인간에게는 충동을 제어하는 이성이 있다. 예를 들어 '좀 더' 보상을 얻고 싶어 하는 충동을 관장하는 뇌의 보상계는 도파민이라는 뇌내 물질로 제어되며, 측좌핵과 전두전야에도 신호를 보낸다. 그 결과 우리는 좀 더 많은 보상을 얻을 수 있는 의사결정을 내리고 행동을 선택한다. 물론 전두전야에서 측좌핵으로 보내는 신호 전달이 측좌핵의 과잉 작용을 억제하기도 한다. 이는 보상을 얻으려고 부적절한 행동을 선택하는 행위를 멈추게 하거나 타인의 기분을 살피고 분위기를 파악하는 행동을 유도한다.

전두전야의 신경 회로는 스물다섯 살 정도까지 성장을 계속한다고 알려졌다. 따라서 이 회로가 미성숙한 미성년자나 반대로 노쇠한 노인의 경우 상황을 판단하는 능력이 떨어지거나 충동적으로 행동할 수밖에 없다. 또한 일상적으로 도박과 같은 도파민에 지속적으로 노출되면 이 신경 회로가 무너질 수 있다. 도박중독은 결코 본인의 의지가 약해서가 아니라 뇌 기능 부전이 원인일 수 있다.

이렇듯 사람마다 반응성에 개인차가 있고, 충동성을 제어해 절제된 행동을 할 수 있는 것도 결국 뇌의 특성에 따른 셈이다.

챗GPT도 마음이
생길 수 있을까?

지금까지 대부분의 감각 입력이 비의식적으로 처리되고 선택된 불과 일부만이 대뇌피질로 보내져 지각에 이른다고 설명했다. 그러나 인간에게는 또 하나의 넘어야 할 허들이 있다. 바로 '지각의 언어화'다.

스스로 자기 몸이 놓인 상황을 이해하고 기분을 적절하게 언어화할 때도 있지만, '그냥 싫다'라거나 '생리적으로 맞지 않는다'라고 느낄 때도 있다. 지각된 정보가 제대로 언어화되지 않아서 그렇다. "말로 표현하기 힘들다"라는 말처럼 우리는 여러 가지 정보를 언어로 해석한다. 이를 담당하는 부위가 대뇌피질의 좌반구다.

대뇌에는 우반구와 좌반구가 있다. 이는 모든 동물의 공통된 구조다. 우뇌와 좌뇌는 뇌량이라는 굵은 신경섬유 다발로 연결된다. 따라서 흔히 말하는 '우뇌형 인간'이나 '좌뇌형 인간'은 존재하지 않지만, 우뇌와 좌뇌의 역할이 분담되어 있는 것은 맞다.

　이러한 사실은 미국의 신경과학자 로저 스페리Roger Wolcott Sperry와 그의 제자 마이클 가자니가Michael S. Gazzaniga가 진행한 '분리 뇌' 실험에서 밝혀졌다. 치료를 위해 어쩔 수 없이 우뇌와 좌뇌를 연결하는 뇌량을 절단해야 하는 환자가 있었다. 수술이 끝난 뒤 연구진은 이 환자의 우안과 좌안에 각각 '얼굴'이라는 문자를 보여주었다.

　알려진 것처럼 우안으로 입력된 정보는 좌뇌에서, 좌안으로 입력된 정보는 우뇌에서 처리된다. 먼저 우안으로 얼굴이라는 문자를 본 피험자는 자신이 본 것을 언어로 이해해서 무엇을 보았느냐는 질문에 얼굴이라고 대답했다. 이어서 좌안으로 문자를 본 뒤에는 아무것도 보이지 않는다고 대답했지만, 본 것을 그려보라고 지시했을 때는 얼굴 모양을 그렸다(그림 ③).

　대부분은 좌반구에 언어를 처리하는 뇌 영역인 감각성 언어중추Wernike's area, Broca's area가 존재하므로 우안으로 정보를 전달받은 환자는 보인 것을 언어화해 대답할 수 있었다. 그러나 좌안으로 전달받은 정보는 언어화가 불가능하므로 무엇이 보이는지 모른다고 대답할 수밖에 없었을 것이다. 다만 입력된 정보는 정확히 대뇌피질에 도달해 지각되었으므로, 언어화할 수는 없었지만 그림으로 표현할 수는 있었던 것이다.

　이 실험으로 좌뇌의 또 다른 흥미로운 기능도 밝혀졌다. 피험자

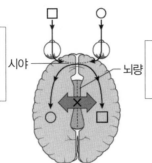

왼쪽 시야에서 입력된 정보는 뇌의 우반구에서 처리되고 반대쪽도 동일하다.

시야

뇌량

대뇌의 좌우 반구를 이어주는 굵은 신경섬유 다발이다.

좌반구

환자의 오른쪽 시야에 단어 하나를 단시간 제시한 뒤 무엇을 보았는지 물어본다.

우반구

환자의 왼쪽 시야에 단어 하나를 단시간 제시한 뒤 무엇을 보았는지 물어본다.

얼굴

얼굴

얼굴

아무것도 안 보여.

대뇌의 좌반구는 언어 정보를 우선 처리하므로 환자의 답은 제시한 단어와 일치한다.

대뇌의 우반구는 좌반구와 정보를 공유할 수 없어 환자는 무엇을 보는지 말할 수 없지만 그릴 수는 있다.

그림 ③* '분리 뇌' 실험

* Nature 다이제스트 Vol. 9 No. 6   DOI: 10.1038/ndigest.2012.120616 참조해 작성

에게 오른쪽 시야에는 닭의 발부리를, 왼쪽 시야에는 설경을 보여 주었다. 그런 다음 일렬로 늘어선 그림 가운데 피험자가 좋아하는 그림을 고르도록 했다. 피험자는 그중에서 왼손으로는 삽을, 오른손으로 닭이 그려진 그림을 골랐다. 피험자에게 그 이유를 묻자, 이유를 '언어화'해 "발부리는 닭의 것이고 닭장을 청소하려면 삽이 필요하기 때문"이라고 대답했다. 이때 피험자의 좌뇌는 우뇌가 설경을 본 사실을 '알지 못하지만', 왼손이 어떤 이유로 삽이 그려진 그림을 골랐는지 설명해야 한다. 그래서 어떻게든 이 상황을 해석하려고 '앞뒤를 끼워 맞춘 이유'를 생각해 낸 것이다.

이 실험에서 가자니가는 좌뇌가 일종의 '해석 장치interpreter'로 참견하기를 좋아해서 무조건 앞뒤를 끼워 맞춰야만 직성이 풀리므로 설령 틀리더라도 어떻게든 스토리를 만들어 내서 설명하려고 한다는 것을 알게 되었다. 여러분도 "왜 선택했어?"라는 질문을 받으면 근거가 확실하지 않은데도 "그냥"이라고 말하기보다 이러쿵저러쿵 이유를 늘어놓은 적이 있을 것이다. 그건 그냥 선택한 것이 아니라 실제로 좌뇌가 무언가를 느꼈기 때문이다. 나도 연구실에서 매일 보는 학생의 '분위기'가 그날따라 왠지 다르다는 직감이 들었는데, 이유를 알 수 없던 적이 많았다(앞머리를 1센티미터 잘랐다거나 화장품을 바꿨다는 사실을 나중에 듣고 나서야 그때 나의 직감이 틀리지 않았음을 알았다).

좌뇌는 설령 틀렸더라도 앞뒤를 끼워 맞추기 위해 스토리를 만들어 내려고 하지만, 우리가 느끼는 것에는 근거가 있다. 언어화할 수는 없지만 직관적으로 느끼는 다양한 기분은 다 그럴만한 이유가 있는 반응이다. 그러니 좀 더 나 자신을 믿자!

모두에겐 각자의 언어가 있다

이 해석 장치인 좌뇌는 모든 걸 설명하려고 한다. 인간은 어느 날 몸에서 끓어오르는 스트레스에 대처하고 다양한 의문을 해결해 주는 편리한 존재가 있음을 깨닫는다. 그리고 이것을 '자신'이라고 명명한다. 그렇게 해서 자기의식이라는 게 확립된다.

'감정'도 언어화를 통해 생긴 것이라고 할 수 있다. 몸에는 외부 환경의 변화에 따라 다양한 정동이 나타나는데, 그 가운데 해석 장치인 좌뇌를 통해 언어화된 것만이 감정으로 지각된다. 이는 감정으로 언어화해 그 경험을 학습하고 기억하기 쉽도록 하기 위해서일 것이다. 찬반양론은 있겠지만, 말하지 못하는 아기나 동물에게 '감정'은 존재하지 않는다고 말할 수도 있다. 있다면 정동에 따른 신체의 변화일 뿐이다.

이때 '정동'은 영어의 emotion을 의미한다. 보통은 이 단어를 '정서'로도 번역해 혼용하는데, 정동과 정서는 엄격히 구별할 필요가 있다. emotion은 '밖으로'를 의미하는 'e'와 '움직임'을 의미하는 'motion'이 합한 것이다. 반면 정서는 기분, 즉 feeling에 가깝다. 안으로 느끼는 상태인 정서와 달리 정동은 밖으로 보이는 형태로 표출한 상태이므로 둘은 분명히 구별해야 한다.

자기의식의 확립에 빠질 수 없는 것이 일화기억으로 불리는 기억이다. 일화기억은 '그때 그랬지'라고 떠올릴 수 있는 종류의 기억이다. 이 일화기억은 두세 살 무렵에 확립되는데, 자신의 경험을 언어화한다는 점이 필수적이므로 언어의 획득과 함께 발달한다.

그렇다면 우리는 왜 말하지 못하는 아기나 동물도 자기의식이 있고 감정을 지닌다고 생각할까? 이는 우리가 타인의 마음에 공감하고 의도를 추론하는 능력, 즉 인간의 뇌가 발달하면서 획득하는 '마음이론Theory of Mind, ToM'과 관련이 있다. 이에 관해서는 7장에서 자세히 살펴보자.

결국 어떻게 언어화할지를 관장하는 것은 '나 자신'이다. 외부 환경의 변화로 인해 끓어오르는 정동이나 신체 변화에 어떤 언어를 부여할지는 우리 좌뇌의 작용이며, 뇌는 저마다 다른 언어화 필터를 갖는 셈이다. 이 필터는 사람마다 다른 경험과 기억에 바탕을 두므로, 감정이란 어쩌면 그 상황을 설명하는 가장 적합한 말을 순식간에 검색해 적용하는 것에 불과할지도 모른다.

챗GPT는 경험할 수 없는 것

이 같은 방식으로 문맥에서 가장 적합한 말을 선택해 문장을 만드는 것이 바로 챗GPT로 대표되는 대규모 언어 모델(LLM, Large Language Model)이다. 기본적 설계는 과거의 문헌 등을 데이터베이스화한 뒤 대규모로 학습시켜 질문에 대한 가장 적확한 답을 생성해 그럴듯한 말로 연결하는 것이다.

　앞서 우리가 지각하는 것 대부분은 좌뇌를 통해 언어화된 것이고, 과거의 기억과 경험을 통해 생성된 예측을 기반으로 그럴듯한 반응을 반복하는 것일 수도 있다고 했다. 우리는 언어로 생성된 감정을 가리켜 '마음'이라고 생각한다. 즉 마음은 언어로 생성된 사상事象에 불과할 수도 있다. 그렇다면 그럴듯한 언어를 생성하는 챗GPT에게도 마음이 있는 것이 되고, 언어화 기능을 외재화하면 마음이 머무는 유일한 곳이 뇌가 아닐 수도 있게 된다. 이렇게 '마음의 시대'가 종언을 고한 뒤 인류는 어떤 시대를 경험하게 될까? 뇌는 무엇을 위해 존재하는지 생각해 보아야 하는 이유다.

■ 뇌를 단순한 연산 장치가 아니라 더욱 복잡한 동작과 학습, 예측을 수행하는 장치로 이해해야 한다.

■ 뇌는 모든 감각 입력을 느끼는 것이 아니라 시상의 감각 게이트 메커니즘을 통해 정보를 취사선택하고 변화와 정보량이 많은 것을 우선해 지각하도록 작용한다.

■ 뇌는 에너지 절약을 위해 모든 감각 입력을 의식하지 않고 처리하며, 상황에 따라 다른 정보에 주의를 기울이고, 뇌가 만들어 낸 새로운 세계상을 토대로 지각한다.

■ 선택된 감각 입력의 일부가 대뇌피질에서 지각되는데, 그것의 언어화 여부와 상관없이 개인의 경험과 기억을 토대로 독자적 현실을 생성한다.

3.

머리가 잘 돌아가는
사람의 비밀

: 모험을 즐기는 뇌

왜 나이가 들수록
뇌는 굳어가는 걸까?

지능이 뇌의 작용과 관련이 있음은 분명하다. 뇌는 세포로 구성되어 있고 화학물질(신경전달물질)로 작동하는 장기에 불과한데, 뇌가 잘 돌아간다는 것 그래서 지능이 좋다는 것은 구체적으로 무슨 의미일까?

　이번 장에서는 신경세포인 뉴런neuron으로 구성된 신경 회로에서 시냅스 전달로 불리는 정보 전달이 어떻게 이뤄지는지를 살펴보려 한다. 그 유연한 변화와 효율을 뜻하는 '가소성'의 관점에서 머리가 좋다는 근본적 의미를 짚어보고, 생애에 따른 변화를 들여다보겠다.

'유연한 머리'의 과학적 정의

나이가 들면 사고방식이 완고해져 주위 사람들에게 "고집불통"이라는 소리를 듣는 사람이 있다. 어리석을 사람을 가리켜 "돌머리"라고 표현하기도 한다. 반대로 상황에 따라 자유자재로 생각할 수 있는 사람을 "머리가 유연하다"라고 표현한다. 오래전부터 사고의 유연성과 관련해 '머리'를 사용한 관용구가 있었다는 사실은 매우 흥미롭다. 현대 과학의 관점에서도 이러한 표현은 상당히 타당하다.

여기서 말하는 머리는 뇌를 가리키는데, 뇌가 굳는다는 것은 과학적으로 어떠한 현상일까? 최신 과학은 나이를 먹거나 새로운 일에 도전하지 않으면 물리적으로 뇌가 굳는다는 사실을 밝혀냈다. 뇌도 세포로 구성되어 있으므로 뇌세포끼리 서로 정보를 주고받는다. 따라서 뇌세포 작용의 관점에서 '머리가 유연한' 상태는 뇌세포 간 소통이 원활하고 효율적인 상태를 가리킨다.

뇌에서 네트워크를 형성하는 뇌세포를 신경세포(뉴런)라고 부른다. 인간의 뇌에는 천억 개 정도의 뉴런이 존재한다. 세포라고 하면 둥근 모양을 떠올릴 테지만, 뉴런은 돌기가 많은 나뭇가지 모양의 구조가 특징이다. 그중에서도 매우 가느다란 가지돌기(수상돌기)는 다른 세포가 보내는 정보를 받아들이는 안테나 역할을 한다.

뉴런에는 보통 길고 가느다란 축삭돌기가 한 개씩 있는데, 주로 다른 세포에 신호를 보내는 케이블 역할을 한다. 축삭은 1밀리미터 떨어진 세포까지 닿을 정도로 긴 길이도 있다. 뉴런의 세포체는 전체 길이가 5미크론 정도인데, 테니스공 크기로 치면 2~3킬로미터 앞까지 신호를 보낸다는 계산이 나온다. 이 전기 신호의 속도는 초당 100미터에 이른다.

전기 신호는 다음 뉴런으로 그대로 전달되지 않는다. 대부분 뉴런은 전기 신호를 화학물질의 방출로 일단 바꾼 뒤 정보를 전달한다(전기 신호를 그대로 전달하는 타입의 신호 전달도 있다). 여기서 말하는 전기 신호는 콘센트에 흐르는 전기와는 성질이 전혀 다른 것이어서 실제로 뇌에서 꺼내 발전發電시킬 수는 없다. 다만 전기를 측정하는 계측기로 뇌의 활동을 측정할 수 있으므로 뇌는 전기적 활동으로 작동한다고 말할 수 있는 것이다. 이 뉴런의 전기적 활동을 '신경충동nerve impulse' 또는 '활동전위AP, action potential'라고 부른다. 속칭 '발화한다' 혹은 '스파이크가 일어난다'는 표현은 모두 뉴런의 전기적 활동을 가리킨다.

실제 뉴런의 정보 전달은 뉴런과 뉴런의 이음매에서 일어나는 화학전달로 이 접합부가 시냅스synapse이며, 신경전달에 사용되는 화학물질인 신경전달물질을 통한 정보 전달이 시냅스 전달이다. 하나의 뉴런에는 수천 개에서 수만 개의 시냅스가 존재한다.

지금까지 알려진 신경전달물질은 100종 이상이다. 예를 들어 마음과 몸의 균형을 잡아주는 세로토닌, 보상을 기대하고 고양감을 느끼게 하는 도파민, 각성이나 흥분을 일으키는 노르아드레날린 등을 들어본 적 있을 것이다. 일반적으로는 시냅스 전달이 성격이나 기질, 운동 능력이나 지능 등에도 관여한다고 알려졌다.

뉴런이 정보를 전달하는 방식

시냅스는 한 쌍의 뉴런으로 형성된다. 정보를 보내는 쪽의 신경세포가 시냅스전 뉴런presynaptic neuron이고, 정보를 받아들이는 신경세포가 시냅스후 뉴런postsynaptic neuron이다. 두 뉴런 사이에 존재하는 20~50나노미터 정도의 공간(시냅스 틈새synaptic cleft)에서 일단 활동전위가 멈춘다. 시냅스전 뉴런에서 방출된 신경전달물질은 시냅스 틈새를 통해 확산되는 형태로 전달된다.

시냅스전 뉴런에서는 축삭을 따라 전기적 방법을 통해 정보를 전달하는데, 이 과정이 바로 '전기가 발생했다'라는 것이다. 따라서 1밀리미터 사이에서 감쇠하지 않고 전달되는 것이 중요하다.

축삭 자체는 금속 등에 비해 전도성이 떨어지며 실제로 전류를 흘려보면 순식간에 감쇠한다. 전신주를 잇는 전선은 대부분 구리로 되어 있지만 감쇠하지 않고 온전히 전달될 수 없어서 많든 적든

손실이 생긴다. 그러나 뇌 안에서 발생한 전기 신호가 도중에 손실되어 목적지까지 도달하지 않으면 문제가 된다. 따라서 뉴런의 축삭에서는 감쇠하지 않는 정교한 구조를 통해 전기적 정보를 전도한다.

본래 뉴런이 발생시키는 전기 신호는 세포 안팎의 나트륨과 칼륨 등 이온의 균형 변화를 통해 만들어진다. 뉴런에 자극이 전달되면 순식간에 이 세포 안팎의 이온 균형이 변화하기 위해 전기적 변화가 일어난다. 축삭을 따라 전달되는 것은 국소적인 세포 안팎의 이온 균형의 변화로, 마치 도미노처럼 연이어 그 변화가 재생성되어 감쇠하지 않는 것이다.

시냅스전 뉴런의 말단에는 신경전달물질을 보관하는 작은 주머니인 '시냅스 소포synaptic vesicle'가 존재한다. 전기 신호를 촉발 신호trigger로 이 시냅스 소포가 세포막의 한끝과 융합한다. 크고 작은 두 개의 비눗방울이 만나 하나가 되는 모습을 상상하면 이해하기 쉽다. 이와 같은 '세포 외 유출exocytosis'이라는 과정을 통해 신경전달물질을 세포 밖으로 방출한다.

그런데 전기 신호를 그대로 전달하면 빠른데, 왜 굳이 화학 신호로 치환해 정보를 전달하는 걸까? 실제로 이 세포 외 유출 과정에서 1~2밀리초의 지연이 발생한다. 그런데도 신경전달물질을 이용하는 이유는 정보의 질을 변화시키기 위해서다. 100종류가 넘는 신경전달물질 중에는 전달 과정에서 이웃 세포를 활성화하는 것이 있는가 하면, 억제하는 것도 있다. 또 순간적으로 강한 자극을 주는 것이 있는가 하면, 지속적인 활동을 유지하게 하는 것도 있다. 이처럼 신경 전달물질을 구분해서 사용하면 다양한 정보를 표현할 수 있다.

정보를 받아들이는 시냅스후 뉴런에는 신경전달물질을 전달받아 세포 내부에 화학적 변화를 일으키는 수용체가 있다. 다양한 수용체는 신경전달물질과 반드시 일대일로 대응하지 않으며 같은 신경 전달물질에도 다른 반응을 나타내어 복잡한 정보를 표현한다.

시냅스후 뉴런에서 다른 세포로부터 정보를 받는 안테나 구조의 가지돌기 표면에는 가시처럼 튀어나온 스파인(극돌기)이 무수히 솟아 있는데, 여기서 시냅스를 형성한다. 앞서 이야기했듯이, 하나의 뉴런에는 수천 개에서 수만 개의 시냅스가 있다. 뉴런은 하나하나의 시냅스에서 생기는 플러스마이너스, 즉 다종다양한 정보를 통합한 뒤 전기 신호 형태로 다음 뉴런에게 전달하는 것이다.

시냅스 가소성, 자유자재로 변화하는 뇌

이 시냅스 전달은 항상 일정한 것이 아니라 상황에 따라 강화시키거나 약화시켜서 효율이 장기간에 걸쳐 변화하는 성질이 있다. 이

효율을 변화시키려면 한 번에 방출하거나 수취하는 신경전달물질의 양을 늘리는 방법이 있다. 시냅스후 뉴런의 스파인 크기가 커지기도 한다. 이를 통해 단위 면적당 존재하는 수용체의 수가 늘어나 한 번에 많은 정보를 처리할 수 있는 것이다.

이 현상을 통틀어 '시냅스 가소성synaptic plasticity'이라고 한다. '가소성'은 영어로 'plasticity', 즉 부드럽고 자유자재로 형태를 바꿀 수 있는 플라스틱과 어원이 같다. 뇌의 시냅스 전달도 상황에 따라 변화할 수 있다. 바로 이 상황에 따라 자유자재로 변화할 수 있는 상태가 '머리가 유연하다'라는 말의 정체다. 장기간에 걸쳐 전달 효율이 변화하는 현상을 장기 강화LTP, long-term potentiation라고 하는데, 이것이 학습과 기억의 기본적인 기반을 이룬다.

어떻게 해야
학습 능률이 오를까?

학습 효율을 올리려면 어느 쪽 시냅스 효율을 높일지를 판단하는 것이 중요한데, 그 법칙은 의외로 간단하다. 캐나다의 심리학자 도널드 헵Donald O. Hebb은 자주 사용하는 시냅스는 강화되고 잘 사용하지 않는 시냅스는 약화된다는 학습 법칙을 제안했다. '헵의 법칙 Hebb's rule'이라고 불리는 이 간단한 법칙은 현재 사용되는 AI의 주류 알고리즘인 인공신경망artificial neural networks에도 활용된다. 뉴런이 활동전위를 일으키는 것을 속칭 '발화한다fire'고 표현하는데, 헵의 법칙은 'Fire together, wire together', 즉 함께 발화하는 신경세포는 서로 연결된다는 문구로도 집약된다.

최근에는 또 다른 학습 법칙이 존재한다는 사실도 밝혀졌다. 일본의 뇌과학자 쓰카다 미노루塚田稔가 제창한 '시공간 학습 법칙'으로, 시냅스후 뉴런이 활동전위를 일으키지 않아도 여러 개의 시냅스전 뉴런의 입력이 동기화되면 그 결합이 강화된다는 것이다. 미국의 인공지능학자 제프 호킨스Jeffrey Hawkins는 이 시냅스전 뉴런의 동기성 입력이 높아지는 상황을 '예측'이라고 주장했다.

동기성 입력이 높아지는 환경으로는 가지돌기 자체가 적극적으로 활동을 일으키거나 국소적으로 세포 밖의 이온 균형을 변화시키거나 가지돌기의 전기적 성질을 부분적으로 변화시키는 등 다양한 요인을 들 수 있는데, 아직 어느 가설이 맞는지는 확실하지 않다. 무엇이 정답이든 작디작은 세계의 이야기다.

어른의 뇌와 아이의 뇌

시냅스 가소성은 나이가 들수록 떨어진다. 뇌는 에너지 절약을 우선시하므로 입력할 때마다 시냅스 전달의 효율을 변화시키려면 필요 이상으로 에너지를 사용해야 한다. 따라서 중요도에 변화가 별로 없는 정보는 쉽게 강화하거나 상실하지 않도록 시냅스 외측에서 깁스처럼 씌워버린다. 이것이 나이가 들면 머리가 물리적으로 굳어지는 이유다.

어른이 되면 '이러한 상황에서는 이렇게 한다'라는 정형적定型的

인 행동 패턴이 어느 정도 정해지기 마련이다. 다시 말하면 뇌의 자율주행 모드 같은 것이다. 예를 들어 집 근처 편의점에 가는 길이 특별히 달라지지 않으면 그곳에서 새로운 학습과 기억이 생길 여지는 없다. 정형적 뇌의 반응 패턴은 '상식'이라고 부를 수도 있다. 그럼에도 뇌 가소성은 생애에 걸쳐 계속되므로 섣불리 포기해서는 안 된다.

반대로 아이들의 뇌는 세상 모든 게 새로워서 기억하고 학습할 여지가 다분하다. 임계기(혹은 민감기)라고 부르는 이 시기는 7~8세경까지 계속된다. 한국에서 한국인 부모에게 태어난 아이라도 미국에서 자라면 영어가 모국어가 될 수 있는 것은 이 때문이다.

뇌는 현재 직면한 환경에 따라 유연하게 회로를 수정할 수 있도록 설계되어 있다. 예컨대 어떠한 이유로 시각에 오류가 생기더라도 다른 감각으로 보완해 불편함 없이 살아갈 수 있다. 이와 같은 수정은 생애에 걸쳐 계속되는데, 언어와 같이 한번 결정되면 잘 변화하지 않는 것은 일찌감치 회로를 안정화한다. 그것이 임계기의 구조다.

유소년기의 뇌 회로는 필요에 따라 만들어 가는 방식이 아니라 먼저 많이 만들어 두고 필요한 걸 취사선택한다는 점에서 언뜻 헛수고를 하는 것처럼 보이기도 한다. 이 프로세스를 '가지치기pruning'라고 부르는데, 적절한 수로 '줄여 나가는' 이 과정이 정형적인 발달에는 필요하다.

경험할수록 시야가 트이는 까닭

그렇다고 유소년기 때부터 영어를 자장가처럼 들려주면 영어를 잘할 수 있게 되느냐고 묻는다면 그건 좀 어렵다고 답해야겠다. 이를 증명하는 유명한 실험이 있다.

갓 태어난 새끼 고양이 두 마리 가운데 한 마리는 자유롭게 걸을 수 있게 하고(A 고양이), 다른 한 마리는 A 고양이에게 연결된 곤돌라에 태워 스스로 움직일 수 없는 상태(B 고양이)로 두었다. 이렇게 해서 길러진 새끼 고양이 두 마리의 시각은 어른 고양이가 되었을 때 어떠한 차이를 보였을까? 놀랍게도 두 마리 모두 눈은 뜨고 있었지만, A 고양이는 정상적으로 시각이 발달한 데 반해, B 고양이는 시각이 발달하지 못해 정상적으로 사물을 볼 수 없었다(그림 ④).

이렇듯 뇌가 올바르게 작동하려면 경험이 중요하다. 그저 단순한 경험이 아니라 '능동적'으로 경험하는 것이 중요하다. 이 말에는 많은 시행착오와 실패의 경험이 필요하다는 의미도 포함된다.

지금까지 뇌는 예측을 만들어 내는 장기고, 경험을 통해 이 세계가 어떻게 이루어져 있는지를 예측하는 뇌내 모델을 형성한다고 설명했다. 이 예측은 실측과의 오차를 반영해 수정하면서 매일 업데이트를 반복한다. 따라서 아무리 경험을 쌓아도 적절한 피드백이 없으면 뇌내 모델로서 기능하지 않는다고 할 수 있다.

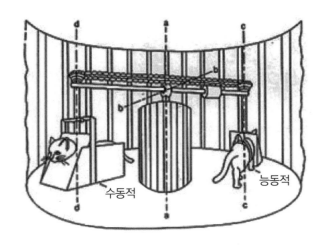

그림 ④* 능동적 새끼 고양이와 수동적 새끼 고양이

흔히 예체능이나 영어를 잘하려면 조기교육이 중요하다고 강조한다. 하지만 그러려면 무엇보다 능동적인 경험이 필요하다. 아기는 깨어 있는 동안 자기 손가락을 입에 넣거나 물건을 던지며 무한한 시행착오를 반복한다. 발음을 할 수 있게 되면 의미를 알 수 없는 말을 끊임없이 내뱉는데, 그 시간은 시행착오를 겪는 과정이므로 방해해서는 안 된다.

---

* Held and Hein, *Journal of Comparative and Physiological Psychol-ogy*, 1963 참조해 일부 수정

아이를 망치는 부모

최근에는 사회성 같은 능력에도 임계기가 있다는 사실이 밝혀졌다. 1950년대 미국 심리학자 해리 할로우Harry Harlow가 원숭이를 대상으로 실시한 일련의 충격적인 실험 결과가 이를 뒷받침한다. 할로우는 어미 원숭이와 격리한 어린 새끼 원숭이 한 마리를 사육하면서 어미 원숭이를 본뜬 철사로 만든 인형과, 타월로 만든 부드러운 인형 가운데 어느 쪽을 선호하는지를 비교해 유소년기의 애착 형성 과정을 밝히고자 했다. 새끼 원숭이가 후자를 선호한다는 일관된 실험 결과를 바탕으로 유소년기 신체적 접촉의 중요성을 입증했다.

이 실험은 여기서 끝나지 않는다. 그렇게 길러진 새끼 원숭이는 정신적으로 매우 불안정해 작은 충격에도 심한 우울 상태에 빠지거나 거식증에 걸렸다. 그런데 더욱 주목할 점은 어른 원숭이가 된 뒤 무리로 돌아가서도 어울리지 못했다는 사실이다. 이성에게 전혀 관심을 보이지 않아 정상적인 생식 행동도 취하지 못했다. 생식 행위는 본능적인 것이어서 가르치지 않아도 가능하다고 여겨 왔는데, 본능적 행동조차 후천적으로 학습되는 것임이 밝혀졌다.

할로우의 실험을 통해 알 수 있듯이, 사람도 유소년기 양육자와의 스킨십이나 사회적 상호 작용이 매우 중요할 뿐 아니라 특정 시기를 지난 뒤에는 재형성이 쉽지 않다. 유소년기에 부모나 가족, 친구와의 관계에서 다양한 시행착오를 겪고 실패한 경험이 없으면 정상적인 사회성을 기를 수 없다. 친구를 사귀는 일은 어른이 되고 나서 해도 늦지 않는다며 '공부'만 하기를 강요하면, 어른이 된 후 돌이킬 수 없는 상태가 될 가능성이 크다. 그만큼 친구를 사귀는 일은 예체능이나 영어를 잘하는 것보다 중요하다.

'귀가 트이지 않는다'라거나 '뇌가 닫혀버린다'라는 이유로 음악과 영어는 몇 살 이전에 시작해야 한다고 말한다. 물론 내 아이를 천재로 만들고 싶다거나 자식만은 고생하지 않았으면 하는 바람은 부모라면 누구나 가지고 있다. 그러나 사람, 특히 아이라면 많은 실패를 하며 성장하는 것이 무엇보다도 중요하다. 부모나 상사, 지도자라면 각각 자녀나 후배가 능동적으로 시행착오를 겪을 수 있는 환경을 가능한 한 마련해 주고 답은 알려주지 않는 것이 바람직하다. 그리고 본인이 하고 싶은 대로 하게 두어야 한다.

유동성 지능과
결정성 지능의 장단점

'나이 먹는 일[加齡]'과 '늙는다는 것[老化]'은 다른 현상으로 이해해야 한다. 무엇이든 나이 탓을 하는 습관은 좋지 않다. 그렇지만 나이를 먹으면 지능이나 기억력이 떨어지는 것은 맞다. 가소성이 생기기 어렵기 때문이다. 그러나 완전히 길이 막힌 것은 아니다. '나이가 들수록 건망증이 심해진다'라고 느끼는 사람도 많겠지만, 사소한 일이 기억나지 않는 것은 뇌를 올바르게 사용하고 있다는 증거이기도 하다. 이에 관해서는 4장에서 자세히 설명하겠다.

추론 능력과 같은 고도의 지적 능력은 스물다섯 살을 정점으로 감소세로 돌아선다. 다양한 연령대의 추론 능력을 비교해 보면 젊은 사람들이 평균적으로 높고, 연장자들은 전체적으로 낮다. 그런데 동일인을 긴 시간 동안 추적해 보았더니 의외로 지적 능력이 안정되어 있었고, 예순 살에 완만한 정점에 이르렀다가 천천히 감소하는 현상이 나타났다. 그러니 한 사람의 인생 전체를 놓고 보면 지적 능력은 안정적으로 변해간다고 말할 수도 있다.

이는 지적 능력을 어떻게 평가하느냐에 따라 변화한다는 뜻이기도 하다. 예를 들어 젊은 시절에는 새로운 문제나 상황에 대처하는 데 필요한 추상적 사고나 추론 능력이 높고, 성인기 후기에는 저하된다. 반면에 학습과 경험을 통해 얻은 지적 능력이나 기술, 특히 언어 능력이나 문제 해결 능력은 고령이 될 때까지 계속해서 증가한다. 미국의 심리학자 레이몬드 카텔Raymond Bernard Cattell은 이러한 능력을 각각 '유동성 지능(논리적 사고나 분석)'과 '결정성 지능(학습과 경험)'이라 명명하고 나이를 먹는다고 해서 능력이 저하되기만 하는 것은 아니라고 주장했다.

기억의 재생 능력이나 정보 처리 능력은 젊을수록 높은 경향이 있지만 어휘나 지식에 관해서는 경험을 쌓은 연장자를 당해낼 수 없다. 나이를 먹을수록 불안이나 억울, 분노 등과 같은 부정적 감정에 휘둘리지 않고 의사결정을 한다는 이점도 있다. 물론 유동성 지능은 내려가지만, 다각도로 상황을 바라볼 뿐 아니라 사회적 추론이 향상되기 힘든 국면에서도 견식이 풍부한 의견을 낼 수 있다. 젊을 때는 그러기가 쉽지 않다. 그러니 나이를 먹는다는 게 안 좋은 것만은 아니다.

실패해도 주눅 들 필요가 없는 이유

뇌는 시행착오를 반복해 예측 모델을 시시각각 변화시켜 성장해 나간다. 현명한 사람은 받아들이기 힘든 난관에 부딪혀도 묵묵히 노력하며 앞으로 나아간다. 이렇게 획득한 학습 내용과 기억은 절대 잃어버리지 않을 만큼 지속적이다. 나는 이처럼 스스로 변화를 계속해 변화에 견디는 가소성을 '끈기 있는 가소성'이라고 부른다. 그리고 이를 가능하게 하는 것이 바로 '뇌 지구력'이다. 이 메커니즘에 관해서는 8장에서 다시 이야기하겠다.

끈기 있는 가소성을 기르려면, 실패를 허용하는 사회가 되어야 한다. 실패한 경험이 없는 사람에게는 믿고 투자할 수 없다고 공언하는 나라도 있다고 한다. 실패로부터 경험이 축적되어 뇌내 모델이 풍부해진다면, 오히려 한 번도 실패한 경험이 없다는 것은 미숙의 상징일 수 있다. 따라서 '시간 대비 효율time performance'을 따지며 단기적 성과에 얽매이기보다는 좀처럼 답이 나오지 않는 문제에 매달려 보는 것도 중요하다. 그것이 가능한 이유는 뇌란 고정불변한 것이 아니라, 평생에 걸쳐 변화하고 발전하기 때문이다. 이처럼 필요에 따라 회로를 유연하게 수정할 수 있는 뇌의 능력은 지금으로서는 컴퓨터도 흉내 낼 수 없을 것이다.

뇌의 시냅스 가소성은 경험에 따라 어느 회로를 강화하고 약화

3. 머리가 잘 돌아가는 사람의 비밀

할지를 정하는 결합 패턴으로 유지된다. 이 결합 패턴이 기억의 근원이며, 특정 신경 회로를 인위적으로 활성화해 어느 종류의 기억을 상기시킬 수도 있다.

- 뉴런은 가지돌기로 정보를 받아들이고 축삭을 통해 다른 세포로 신호를 보내며 시냅스를 이용한 화학적 전달로 다양한 정보 전달을 수행해 뇌의 기능을 지탱한다.

- 시냅스 전달은 상황에 따라 효율이 변화하는 '시냅스 가소성'이라는 성질을 갖추고 있으며, 이 유연성이 머리의 유연함과 장기 강화와 관련되어 학습과 기억의 기본적인 기반을 이룬다.

- 뇌의 올바른 기능 발달에는 능동적 경험과 수많은 시행착오가 중요하며, 유소년기 사회성 발달에는 부모나 타인과의 신체적 및 사회적 상호 작용이 필수적이다.

- 나이 먹는 일과 늙는다는 것은 별개의 현상이며, 전자로 인해 가소성은 감소하지만 경험과 지식의 축적으로 지능의 또 다른 측면이 발전하므로 나이 먹는 일이 모든 능력의 저하를 의미하는 것은 아니다.

- 뇌는 경험을 쌓아 예측 모델을 변화시키고 시행착오를 거듭해 성장하며 획득한 학습과 기억을 지속적으로 유지하는데, 이를 '끈기 있는 가소성'이라고 한다.

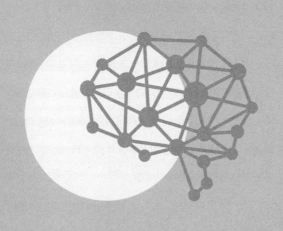

Part 2

머리가
좋다는 건
무슨 뜻일까?

4.

기억하는 일보다
잘 잊는 것이 중요하다!

: 망각하는 뇌

모든 기억은
뇌의 창작물일 뿐

'뇌 작용 가운데 하나를 향상하거나 개선할 수 있다'면 '기억력!'을 원하는 사람이 많을 것이다. 보통 젊은 시절에는 스펀지처럼 정보를 흡수하고 그 대부분을 기억할 수 있다. 기억력이 좋다는 건 훈장과 같아서 무슨 질문에든 척척 대답하는 사람은 '걸어 다니는 백과사전'이라는 찬사를 받는다.

좋은 머리의 대명사인 '기억력'. 그런데 실은 기억하는 것보다 잊는 게 진짜 머리가 좋다는 의미일 수도 있다. 이번 장에서는 그러한 기억의 불가사의한 측면을 살펴보려 한다.

뇌의 기억과 몸의 기억

기억은 지식에만 한정되지 않는다. 어린 시절에 나는 가족과 이야기하다가 "그때 그거 먹었잖아"라고 부모님도 기억하지 못하는 일을 기억해 내 놀라게 한 적 있다. 최근에는 기억력이 떨어졌지만 말이다. 기억력이 좋은 사람은 다양한 에피소드는 물론 당시에 느낀 기분까지 빠짐없이 기억한다. 이처럼 '그때 그랬잖아'라는 종류의 기억을 '일화기억'이라고 한다.

이 밖에도 기억에는 여러 종류가 있다. 기억은 크게 단기기억과 장기기억으로 나뉜다. 단기기억이란 일회용 패스워드처럼 숫자를 일시적으로 기억해서 입력하고 일이 끝나면 완전히 잊어버리는 기억이다. 스마트폰이 없던 시절에는 전화를 걸 때 잠깐 동안 전화번호를 외우는 것이 단기기억의 예시로 설명되었다. 단기기억이 유지되는 시간은 2~3분 정도로 짧다. '내가 지금 뭘 하려고 했더라'와 같은 종류의 건망증은 이 단기기억의 일시적 상실이다.

반면 오랫동안 유지되는 기억은 장기기억이다. 장기기억에도 다양한 종류가 있는데, 예를 들어 역사적 연도나 수학 공식처럼 보편적 사실 등에 관한 기억은 '의미기억'이라고 한다. 또 '그때 그랬지'와 같이 생각나는 기억은 '일화기억'이다. 이러한 기억은 말로 표현할 수 있다는 점에서 '진술기억' 또는 '선언적 기억'이라고도 한다.

머리가 좋다는 건 무슨 뜻일까?

기억 중에는 말로 표현하기 어려운 기억도 있다. 예를 들어 한동안 자전거를 타지 않아서 겁을 먹었는데 의외로 곧잘 탔던 경험이 있을 것이다. 바로 '몸이 기억'하기 때문이다. 이와 같은 기억은 '절차기억'이라고 한다. 말로 표현할 수 없으므로 '비진술기억' 또는 '비선언적 기억'이라고도 한다. '잠재기억'이라고 하면 이해하기 쉬울 것이다.

잠재기억은 비의식적으로 생기는 것으로, 이를테면 특정 소리가 울리면 특정 반응이 일어나는 정형 반응 패턴도 있다. 유명한 예로는 종을 울린 뒤 개에게 먹이를 주는 행동을 반복하자 나중에 종소리만 울려도 침을 흘린다는 '파블로프의 개' 실험이 있다. 이는 고전적 조건 형성 또는 반응적 조건 형성이라고도 한다.

또한 최근에 '유채꽃' '바람' '해녀'라는 단어나 관련 그림을 본 적 있다면 '○○도'의 빈칸에 글자를 넣어 단어를 완성하게 했을 때 '제주'라고 대답할 확률이 높다. 이 '프라이밍 효과priming effect'는 직전에 보고 들은 게 생각을 떠올리는 데 영향을 준다는 기억과 관련된 하나의 현상이다.

참고로 진술기억은 언어화할 수 있어 의식해서 기억을 떠올릴 수 있으므로 잠재기억과 대비해 '현재顯在 기억'이라고도 한다.

좋은 기억은 떠올리지 않을수록 좋다

흔히 기억을 컴퓨터 메모리에 비교하는데, 컴퓨터에도 일시적으로 데이터를 저장해 두는 램RAM, Random Access Memory과 장기적으로 저장해 두는 하드디스크hard disk가 있다. 내가 학교에 다닐 때는 CD-R이 전성기였는데, 저장 용량이 불과 700MB였다. 4.7GB짜리 DVD-R은 부피는 컸지만 매우 요긴하게 썼다(GB는 MB의 1,000배).

USB 플래시 메모리가 등장하고 나서는 당시 십만 원 상당의 1GB 플래시 메모리를 대학교 졸업식에서 기념 선물로 받아 좋았던 기억이 있다. 그런데 몇 개월 지나지 않아 3GB나 5GB가 흔해졌고, 1GB 플래시 메모리는 몇천 원으로도 살 수 있는 시대가 되었다. 지금이야 1GB로는 동영상 하나도 저장할 수 없지만 말이다. 지금은 모두 당연한 듯이 TB(TB는 GB의 1,000배) 단위의 휴대용 플래시 메모리(USB 메모리형 SSD)나 SD카드를 몇 개나 가지고 있다. 심지어 클라우드 서비스를 결제하면 데이터를 가지고 다닐 필요도 없다.

이와 관련해서 자주 언급되는 질문이 '뇌의 기억 용량은 얼마일까?'다. 너무 다양한 설이 있어서 무엇이 정답인지 결론을 내릴 수는 없다. 뇌의 기억 용량은 컴퓨터 하드디스크와 질이 전혀 다르기 때문이다. 뇌의 가능성은 무한대가 아닐뿐더러 기억은 단순한 기록과는 성질이 완전히 다른 것이다.

머리가 좋다는 건 무슨 뜻일까?

본래 기억은 스마트폰에 내장된 카메라처럼 보고 들은 것을 그대로 기억하지 않는다. 기억할 당시의 상황이나 몸 상태, 배경지식이나 거기서 연상되는 관련 없는 것까지도 함께 기억된다. 예컨대 특정 연도를 떠올리면 관련된 사건이나 그 사건을 소재로 소설을 쓴 작가의 이름, 소설을 읽었을 때의 감상 등이 연쇄적으로 떠오른다.

이러한 현상은 당연하다고 생각할 수 있지만, 기억 본래의 역할로 보자면 상당한 오류일 수 있다. "일본의 수도는?"이라고 질문했는데, "내가 처음 도쿄에 간 것은 지금도 잊히지 않는 스무 살 어느 여름날이었지……"라는 답을 들으면 황당할 것이다. 그런데 실제로는 이런 식으로 답하는 사람을 본 적 있을 것이다. 어쩌면 자기 자신이 그럴지도 모른다. 이는 인생 경험이 풍부해 말하고 싶은 기억이 많다는 증거다.

일화기억의 경우, 과거의 자신을 떠올릴 때 대부분 자기 모습까지 포함한 시점으로 기억할 것이다. 곰곰 생각해 보면 그런 장면은 어디에도 없을 텐데 말이다.

흥미롭게도 기억은 저장할 때뿐만 아니라 떠올릴 때도 다시 수정된다. 지난번에 그 일을 떠올렸을 때의 기억까지 더해서 기억하는 것이다. 안타깝지만 기억은 떠올릴 때마다 점점 더 고유성을 잃는다. 그러니 잊고 싶지 않은 기억은 되도록 떠올리지 않는 게 나을

지도 모른다. 그러나 어찌해도 떠오르지 않는 기억은 필요 없는 기억으로 여겨져 망각의 저편으로 사라진다.

지금까지의 설명을 종합해 보면 기억은 떠올릴 때마다 다시 만들어지는 뇌의 창작물이라고 해도 과장은 아닐 것이다. 모든 기억은 틀렸다는 주장도 있을 정도니까 말이다.

뇌는 이처럼 왜곡되기 쉽고 덧없는 기억과 경험을 바탕으로 제2필터인 예측 모델을 형성한다. 이 예측과 감각기관에서 받아들이는 실측값을 대조해 다음 예측을 만들거나 예측 모델을 수정하는데, 애초에 근거가 되는 기억이 위태로워서 잘못된 인식을 하기도 하고 착각을 일으켜서 쉽사리 판단을 그르칠 때도 있다. 그러니 때로는 우리가 어처구니없는 실수를 하는 것도 어쩔 수 없다는 생각이 든다.

머리가 좋다는 건 무슨 뜻일까?

뇌는 컴퓨터와
다른 방법으로 기억한다

해마는 뇌 영역 중에서 '기억의 자리'로 유명하다. 그 인상만이 너무 강하게 자리 잡은 것 같지만, 사실 해마의 주요 역할은 단기기억과 공간기억이다.

해마는 HM이라는 이니셜로 불린 어느 환자의 사례를 계기로 널리 알려졌다. 사후에 헨리 몰레이슨Henry Molaison으로 본명이 밝혀진 그는 어릴 적부터 앓아온 뇌전증 치료를 위해 해마를 절제하는 수술을 받았다. 다행히 수술이 성공한 덕분에 뇌전증 증상은 개선되었지만, 단기기억을 완전히 상실하는 비극을 맞이했다. 그의 기억은 잊지 않으려고 메모를 해도 그 메모를 남긴 사실조차 잊어버리는 영화 〈메멘토〉(2001년 개봉한 크리스토퍼 놀런 감독의 작품으로, 아내가 살해당한 뒤 10분밖에 기억하지 못하는 단기기억상실증에 걸린 남자가 사진, 메모, 문신으로 남긴 기록을 따라 범인을 쫓는 기억 추적 스릴러물이다.—옮긴이)의 주인공처럼 몇 분마다 원점으로 돌아갔다. 영원한 현재에 산다는 것, 어떤 이는 영원히 현재라는 감옥에 갇혔다고 표현할 정도로 끔찍한 일이다. 하지만 HM 씨가 모든 기억을 잊은 것은 아니었다. 다행히 과거의 일들은 기억하고 있었다. 즉 말은 할 수 있었으므로 일화기억이나 의미기억은 전혀 손상되지 않았던 것이다.

현재 장기기억은 주로 대뇌피질 등 뇌의 다른 영역에 쌓인다는 것이 밝혀졌다. 단기기억 중에서도 반복 사용으로 필요해진 중요한 기억, 특히 영향력이 있는 기억 등은 단기기억에서 장기기억으로 전환되어 평생 접근할 수 있는 기억이 된다. 이 같은 변환을 '기억 응고화memory consolidat'라고 한다. 이는 쉬거나 잠잘 때 일어나는데, 여기서 해마가 중요한 역할을 한다. 그러니 해마가 제거된 HM 씨는 단기기억을 장기기억으로 변환시킬 수 없었을 것이다.

반면 HM 씨가 짧은 시간 동안 기억해 낸 신체 기능 등은 잊어버리지 않고 학습되었다. 자기도 모르게 어느샌가 할 수 있게 된 것이다. 즉 운동학습에 관한 절차기억은 해마에서 대뇌피질로 전송되는 프로세스와는 또 다른 경로로 뇌에 자리한다고 해석할 수 있다. 지금으로서는 소뇌와 대뇌피질의 연계로 기억, 학습이 이루어진다고 여겨진다. HM 씨의 사례는 매우 불행하지만, 그 덕분에 해마와 기억의 연결고리가 밝혀졌다.

2014년에 노벨생리·의학상을 수상한 존 오키프John O'Keefe, 그리고 부부 과학자인 에드바르드 모세르Edvard I. Moser와 마이브리트 모세르May-Britt Moser가 발견한 '장소세포(오키프 교수가 발견한 장소세포와 모저 부부가 발견한 격자세포는 상호 작용을 하면서 자신이 위치한 장소를 인지하는 뇌 속 GPS 기능을 수행한다.─옮긴이)'는 뇌 안의 내비게이션 시스템이라고 할 만한 놀라운 구조다. 이 장소세포가 바로 해마의 주요 세포다. 즉 해마는 단순히 단기기억만이 아니라 공간기억을 관장한다. 흔히 기억상실 하면 "나는 누구, 여기는 어디?"라는 말을 떠올리는데, '여기는 어디?'를 담당하는 것이 해마인 것이다.

인지증의 일종인 알츠하이머병은 해마의 세포가 먼저 손상을 입는다. 어디까지나 추측이지만, 알츠하이머병을 앓는 환자가 자신이 어디에 있는지 몰라서 공황 상태에 빠지거나 심야에 거리를 배회하거나 정신을 차려 보니 제자리를 맴도는 증상들은 어쩌면 공간기억에 장애를 입은 결과일 수도 있다.

해마의 공간기억에 얽힌 유명한 사례로는 런던 택시 운전사가 있다. 런던의 도로는 상당히 복잡해서 길을 외우려면 어마어마한 기억력이 필요하다고 한다. 실제로 택시 운전사의 해마를 연구했더니 일반인보다 부피가 커져 있었다. 또한 많은 정보를 암기해야 하는 의대생의 해마도 기말시험 기간에 부피가 커졌다는 연구 결과가 해마와 기억력의 상관관계를 뒷받침한다. 흥미로운 점은 택시 운전

4. 기억하는 일보다 잘 잊는 것이 중요하다!

사를 그만두거나 기말시험이 끝난 뒤 다시 측정했을 때는 해마의 부피가 원래 크기로 돌아왔다는 것이다.

기억의 엔그램

그럼 뇌는 어떻게 기억을 저장할까? "있잖아, 블랙핑크 멤버랑 〈아파트〉라는 노래를 부른 미국의 싱어송라이터"라고 하면 '브루노 마스'를 떠올리는 식으로 평소에 우리는 기억을 분해하고 카테고리를 나눠서 저장한다. 그러는 편이 기억 용량을 절약할 수 있기 때문이다. 이를테면 '아침에 오믈렛을 먹었다'라는 기억은 있지만, 어떤 재료가 들어갔는지 기억하지 못하는 것은 뇌가 에너지를 절약하기 위해 제대로 기능하고 있다는 증거다. 그러므로 '건망증이 시작된 건가?'라는 걱정은 하지 않아도 된다.

이제 뇌가 어떻게 기억을 만들고 저장하는지 살펴보자. 예전에는 기억물질이나 기억세포와 같은 존재를 찾으려고 한 적도 있다. 그러나 지금은 그런 존재가 있는 것이 아니라 특정한 신경 회로의 활성화 패턴이 기억을 상기시킨다는 점이 밝혀졌다. 이를 기억의 엔그램 engram('흔적'이라는 뜻으로, 1904년 독일의 동물학자 리하르트 제몬Richard Semon이 만든 용어이다.—옮긴이)이라고 한다. 기억은 기록이 아니므로

머리가 좋다는 건 무슨 뜻일까?

기억을 상기한다고 해도 기억 자체가 아니라 그 트리거가 되는 무언가로 추측된다.

공포로 몸이 움츠러드는 등 특정 조건에서 어떤 행동의 스위치가 되는 신경세포군을 특수한 방법으로 라벨링을 해두면 그 세포군을 활성화하기만 해도 특정 행동을 일으킬 수 있다는 쥐를 이용한 실험 결과가 있다. 예를 들어 가벼운 전기충격을 받았을 때 활성화되는 신경 회로를 마킹한 뒤에 인위적으로 활성화하면 쥐는 전기충격이 없어도 공포로 몸을 움츠리는 행동을 보인다.

또한 복잡한 기억은 해마뿐만 아니라 뇌의 다양한 신경 회로를 끌어들여 연달아 활성화한다. 이러한 동적인 뇌 활동이 기억이고, 뇌 전체가 기억 자체라고 해도 과언이 아니다.

신경 회로를 구성하는 시냅스는 중요하면서도 특별히 주의가 필요한 회로의 전달 효율을 상황에 따라 변화시키는 시냅스 가소성을 일으킨다. 보통 이러한 변화는 일시적이지만, 몇 주 동안이나 길게 지속되는 장기 강화 현상도 있다. 현재는 이와 같은 시냅스 전달 효율의 변화가 학습과 기억의 기반이 되는 메커니즘으로 여겨진다.

4. 기억하는 일보다 잘 잊는 것이 중요하다!

뇌세포가 재생된다면 뇌도 바꿀 수 있을까?

뇌세포는 기본적으로 한번 생성된 이후에는 재생되지 않지만, 단기 기억을 관장하는 해마 일부에서 이에 반하는 '신경 생성 또는 신경 발생neurogenesis'이라는 현상이 발견되었다. 아직은 동물실험에서 발견된 현상이라서 사람에게도 이러한 현상이 일어나는지는 논의가 한창이지만, '뇌세포가 재생된다면 스마트폰 기종을 바꾸듯이 뇌도 번쩍번쩍한 신상으로 바꾸고 싶다'라는 생각을 한 번쯤 해볼 법도 하다. 그런데 잠깐만! 정말 내 소중한 뇌를 막 바꿔도 될까?

앞서 기억은 신경 회로의 활동 패턴으로 뇌 전체에 심겨 있다고 설명했다. 기억의 기반은 시냅스 전달 효율의 조절에 있고, 그 실태는 신경전달물질을 한 번에 방출할 수 있는 양과 한 번에 받아들일 수 있는 양을 늘리기 위한 수용체의 발현 조절이라는 점을 고려하면 신경세포 자체는 기억 소자의 일부라고 할 수 있다.

끊임없는 시행착오 끝에 드디어 조율을 마친 신경세포가 재생되어 바뀐다면 기억은 손상되고 말 것이다. 다시 처음부터 학습도 해야 한다. 우리가 살아온 만큼의 시간이 걸리게 된다. 따라서 신경세포가 재생된다고 하더라도 무조건 기뻐할 수만은 없는 것이다.

해마의 일부에서 재생되는 세포가 망각을 촉진한다는 사실도 밝혀졌다. 새롭게 태어나는 세포는 망각뿐 아니라 새로운 기억 형성도 촉진한다. 한편 장기간에 걸친 스트레스나 뇌장애, 노화의 영향을 받으면 새로운 신경세포 생성이 일어나기 어렵다. 따라서 뇌에는 적절한 망각이 바람직할지도 모른다.

현재는 신경세포 생성이 성인이 된 뒤에도 일어나는지는 완전히 밝혀지지 않았지만, 만일 그것이 가능하다면 스트레스나 우울, 알츠하이머병 등을 치료하는 데 새로운 길이 열릴 것이다. 기억이나 학습에 관한 뇌 가소성을 더 파고들어야 하는 이유가 바로 여기에 있다.

기억력을 좌우하는
'지혜 주머니 기억'

세상에는 몇 년 몇 월 며칠이 무슨 요일이고 그날 무슨 일을 했는 지까지 모조리 기억하는 남다른 기억력의 소유자도 있다. 누군가는 부럽다고 생각할 수 있겠지만, 실제로는 '과잉기억증후군 hyperthymetic syndrome'이라는 병명까지 있을 정도로 괴로운 일이다. 하지만 뇌에게 망각은 기억만큼 중요하다. 기분 나쁜 일이 있더라도 맛있는 음식 을 먹고 하룻밤 자고 일어나면 씻은 듯이 잊어버리는 것이 장수의 비결일 수도 있다.

나는 뇌가 노쇠해져 기억력이 떨어진다는 말은 틀린 말이라고 생각한다. 단지 기억해 둘 일이 많아졌거나 젊을 때처럼 주의를 기 울여 외우려 하지 않기 때문이지 건망증은 오히려 뇌를 바르게 사 용하고 있다는 증거일 것이다.

머리가 좋다는 건 무슨 뜻일까?

보통 망각을 부정적으로 여기지만, 자세히 기억하지 못하거나 카테고리를 만들어 고유명사 자체를 잊는 것은 뇌한테 중요한 공정이다. 심지어 망각은 기억보다 에너지를 더 소비한다고도 한다.

기억 천재로 유명한 셜록 홈스도 다음과 같이 말했다.

내 생각에는 본래 인간의 두뇌는 작고 아무것도 없는 다락방 같은 것이라서 정말 필요한 가구만 놓아야 한다. 이 작은 방의 벽이 자유자재로 늘어나고 끝없이 팽창하리라고 생각한다면 오산이다. 지식이 하나 늘 때마다 전에 기억한 것은 잊힌다. 그러니까 유용한 것을 밀어내면서까지 쓸데없는 정보를 담지 않는 것이 중요하다.

— 아서 코넌 도일의 《주홍색 연구》에서

망각에 관한 연구로는 '에빙하우스의 망각곡선Ebbinghaus curve(헤르만 에빙하우스Hermann Ebbinghaus가 시간 경과에 따라 나타나는 일반적인 망각 경향을 그래프로 제시한 것이다.—옮긴이)'이 유명하다. 암기한 것의 절반은 두 시간 만에 급속도로 잊혀지고 6일 후에는 80퍼센트를 잊는다는 가설이다. 이처럼 기억이란 급격히 잊히는 운명이지만, 흥미롭게도 한 달 뒤의 망각률은 82퍼센트로 비교적 완만해진다는 것이 밝혀졌다. 또한 잊어버렸다는 생각이 들 때는 복습으로 잊는 속도를 완만하게 할 수 있으며, 이틀 뒤 시점이 가장 효율적이라고 한다.

잊는다고 하면 기억이 감퇴하는 걸로 생각할 수 있지만, 이 역시 '뇌의 어딘가에 완전한 기억이 그대로 기록되어 있다'는 생각에서 비롯된 착각이다. 망각 프로세스의 대부분은 이전에 배운 것이 새로운 정보를 방해하거나 새롭게 배우면서 오래된 정보를 잊어버리는 '간섭'의 과정이다.

'지난번에도 이런 일이 있었는데'라고 느끼는 기시감(데자뷔) 현상도 이와 같은 간섭으로 일어난다. 우리는 기억을 카테고리로 나누므로 현재 일어난 비슷한 상황의 단서를 과거의 경험에서 비의식적으로 검색한다. 이것이 바로 '오귀인misattribution(특정 사건의 상황을 잘못 출력하는 오류—옮긴이)'이라는 현상이다.

비슷한 현상으로 이 기억이 언제 일어난 일인지, 누구의 일이었는지 혼란스러운 상태를 '출처 기억상실source amnesia'이라고 한다. "난 말했어, 말한 적 없어"와 같은 언쟁은 대부분 이것이 원인이다. 대학에서 여러 강의를 하고 있는 나도 특히 첫 수업에서 자기소개하는 시간에는 같은 내용을 반복하다 보니 문득 '이 얘기를 했던가' 하고 혼란스러울 때가 있다.

이 정도의 착각이라면 귀여운 수준이지만, 자칫 누명이나 의료 실수, 대형사고 등으로 이어지는 경우도 종종 있으므로 조심해야 한다. 이러한 사고를 방지하기 위해서는 기억만큼 신뢰할 수 없는 것은 없다는 마음가짐으로 꼼꼼히 메모하거나 녹음하는 방법 등을 활용해야 한다.

머리가 좋다는 건 무슨 뜻일까?

현대판 걸어 다니는 백과사전

요즘은 기억이 날 듯 말 듯한 연예인 이름도 스마트폰에 적절한 키워드를 넣기만 하면 알아낼 수 있고, 아니면 이미지로도 검색할 수 있다. 또 허밍으로 노래 제목까지 찾을 수 있으니, 이보다 더 편리할 수 없다. 인류는 자신들이 드디어 기억을 외재화하는 데 성공한 셈이다. 인류는 이제 모든 지식에 언제든지 접근할 수 있게 되었다. 그렇다면 더 이상 '걸어 다니는 백과사전'이 나설 자리는 없는 걸까?

스마트폰으로 찍은 사진은 날마다 쌓여 추억을 보관해 준다. 그날 먹은 음식이 생각나지 않아도 사진으로는 남아 있다. 그러나 그때 느낀 기분까지는 기록하지 못한다. 그것은 뇌에만 새겨진 고유한 기억이다. 또 수만 가지의 사고와 행동은 외울 의도가 없었더라도 뇌에 절차기억으로 단단히 새겨져 지금의 나를 만든다. 몸이 기억하는 것이다.

기억해 두어서 인생에 도움이 되는 것은 사전적 지식의 나열이 아니라 지식과 지식 간의 유기적 연결이다. 언뜻 관련 없어 보이는 지식 사이에서 의외의 관계를 발견하고 아무도 생각해 내지 못한 가설을 세우려면 말이다. 발이 넓어서 곤란한 일이 있을 때 도와줄 적절한 사람을 소개해 주는 '걸어 다니는 백과사전'도 마찬가지다.

책을 많이 읽고, 경험을 여럿 쌓고, 다양한 사람과 만나고, 시행

4. 기억하는 일보다 잘 잊는 것이 중요하다!

착오를 겪으며 수많은 성공과 실패를 경험한 사람 곁에는 사람들이 모여든다. 다음에는 어떤 재미있는 이야기를 들려줄지 기대를 품게 한다. 그런 사람이야말로 지성을 갖춘 진정한 현자, 즉 현대판 '걸어 다니는 백과사전'이다.

어디까지나 나의 생각인데, 기억 중에는 '세상은 이런 거야'라고 늘 곁에서 속삭이며 알려주는 기억이 있는 듯하다. 즉 뇌의 주요 임무인 예측을 만들어 내는 데 필요한 뇌내 모델의 형성에 중요한 기억이다. 이 기억은 상당히 주관적이어서 굳이 언어화할 필요가 없다. '오른손을 펴면 이렇게 움직인다'라는 신체 움직임처럼, '커피는 대체로 이런 느낌의 맛이 난다' '친구 A는 달걀프라이를 좋아하고 친구 B는 달걀말이를 좋아한다' '사람과 이야기할 때는 눈을 마주치고 적극적으로 맞장구쳐야 원활한 관계를 맺을 수 있다'와 같은 기억이다.

신체 움직임에 대한 기억은 이른바 절차기억으로, 운동과 학습에 관한 예측은 소뇌와 기저핵basal ganglia에 쌓인다. 이 기억을 얼마나 많이 가졌는지가 몸을 움직이는 방법에 대한 해상도를 높이는 결과로 이어지고, 이 과정이 숙련된 사람이 바로 운동선수와 예술가일 것이다. 이 부분은 이어서 5장에서 자세히 살펴보자.

커피 맛이나 친구의 취향에 관한 기억은 일화기억이라고 할 수 있다. 다만 대인 경험에 관련된 학습은 일화가 밑바탕에 있지만, 타인에게 보고 듣거나 책이나 영화에서 접하기도 하므로 반드시 일화기억이라고 단언할 수는 없다.

일화기억은 진술기억이므로 언어화할 수 있지만, 처세술이나 인생훈 등은 그 사람 나름의 감성이나 취향이라서 반드시 언어화할 수 있는 것은 아니다. 정확히 표현할 수는 없지만, 누구에게나 세상을 살아가는 요령 같은 것은 있기 마련이다. 그 기억은 카페 화장실 벽면이나 찻잔에 쓰여 있는 '아버지의 충고(일본에서 전해져 내려오는 격언집—옮긴이)' 또는 '할머니의 지혜 주머니(생활의 소소한 지혜—옮긴이)'와 같은 처세술이나 생활의 지혜와도 닮았다.

이번 장에서 살펴본 것처럼 의미기억이나 일화기억에 관한 기억력이 좋다는 것은 머리가 좋다는 뜻과는 직결되지 않지만, 얼마나 많은 '지혜 주머니 기억'을 가졌는지는 분명 한 사람의 기량에 영향을 미친다. 바로 인생 경험에서 특징을 추출하고 일반화하고 개념화하는 능력이다. 어려서 어떻게 해야 할지 고민이 있을 때 경험이 풍부한 인생 선배가 현명한 지혜를 전수해 주기도 했을 것이다. 이처럼 우리가 무언가에 도전할 때 이 '지혜 주머니 기억'도 마지막으로 힘차게 등을 밀어주는 역할을 해주지 않을까?

4. 기억하는 일보다 잘 잊는 것이 중요하다!

- 기억은 단기기억과 장기기억으로 나뉜다. 장기기억에는 의미 기억, 일화기억, 절차기억, 잠재기억 등이 포함된다. 기억은 경험 이나 체험과 연결되어 있지만 떠올릴 때마다 변화하고 때로는 창작도 하므로 잘못된 인식이나 착각을 일으키기도 한다.

- 해마는 단기기억과 공간기억을 담당하는 뇌 영역이다.

- 뇌는 기억을 카테고리로 나누어 저장하고 중요하지 않은 세부 사항은 저장하지 않음으로써 에너지를 절약한다.

- 신경 회로의 시냅스 가소성이 학습과 기억의 기반이 되는 메커니 즘이라고 할 수 있다.

- 성인의 해마에서는 새로운 신경세포 생성이 일어나 신경세포가 재생될 가능성이 있지만, 새로운 기억 형성을 촉진하는 한편으로 망각을 촉진하기도 한다.

- 지식 간의 유기적 연결을 모색하고 독자적 가설을 세우는 능력이 '걸어 다니는 백과사전'의 진정한 가치이며, 경험과 타인과의 만 남을 통해 얻는 지혜가 중요하다.

5.

생각한 대로
신체를 움직일 수 있는가?

: 몸과 교감하는 뇌

———

———

이토록 굉장한
감각의 세계

머리가 좋다고 하면 '지능'에만 관심을 두기 쉽지만, 신체를 움직이는 것도, 무에서 유를 창조하는 일과 관련이 있다. 영 점 몇 초 안의 세계에서 자신의 육체적 한계를 뛰어넘으며 도전하는 프로 운동선수나 내재된 자신의 가치관을 표현하는 예술가들은 틀림없이 머리가 좋을 것이다. 여기서 발휘되는 지능이란 '자기 신체를 생각대로 움직인다'는 것 그리고 '끊임없는 노력을 계속할 수 있다'는 것으로 집약된다. 스포츠나 음악과 같은 예술 분야에서는 주로 천부적 재능이 주목받곤 하지만, 정작 이를 발휘하는 데 필요한 뇌의 작용은 무엇일까?

5. 생각한 대로 신체를 움직일 수 있는가?

신체를 움직이는 뇌의 구조

신체를 움직이는 것은 근육이고, 이 근육을 움직이는 것은 뇌와 신경이다. 근육은 크게 골격근, 심근, 평활근(내장근)으로 분류한다. 근육을 구성하는 근세포는 직경 50~100마이크로미터의 거대한 세포로, '근섬유'라고도 부른다. 골격근과 심근은 직경 1~2마이크로미터로 근원섬유라 불리는 세포소기관 여러 개가 모여 구성한다. 근원섬유가 규칙적으로 배열되어 가로무늬를 나타내므로 횡문근으로 분류하기도 한다. 골격근은 이른바 신체를 움직이기 위한 근육이고, 심근은 심장을 움직이는 근육, 평활근은 장이나 혈관 등 내장에서 작용하는 근육이다.

근육을 움직이는 신경은 말초신경계, 골격근을 움직이는 신경은 체성신경계, 그리고 심근과 평활근을 움직이는 신경은 자율신경계로 분류한다. 여러 가지 신경이 나온 김에 이쯤에서 뇌와 신경을 정리하고 넘어가자.

뇌도 신경도 모두 신경계라고 부른다. 신경계의 계는 시스템이라는 뜻이다. 신경계는 크게 중추신경계와 말초신경계로 분류한다. 중추신경계에는 뇌와 척수가 포함된다. 말초신경계는 다시 체성신경계와 자율신경계로 나뉜다. 체성신경계에는 감각신경과 운동신경이 있다. 감각신경은 뜨겁다거나 아프다고 느끼는 촉각을 비롯해 빛·

소리·냄새 등의 오감 정보를 중추신경계로 보낸다. 운동신경은 근섬유 하나하나에 연결되어 근육을 움직인다. 자율신경계는 교감신경계와 부교감신경계로 나뉘고, 심근과 평활근에 작용하는 등 각각의 장기를 적절하게 조절한다.

골격근은 걷거나 물건을 잡거나 하는 등 뜻대로 움직일 수 있는 근육이고 심근과 평활근은 의지대로 제어할 수 없는 근육이다. 심장에 대고 "멈춰, 멈춰"라고 한들 멈출 수 없지 않은가. 자신의 의지대로 움직일 수 있는 근육 운동을 '수의운동voluntary movement', 반대 경우에는 '불수의운동involuntary movement'이라고 한다.

여기서 수의라는 용어는 의식·비의식과는 전혀 다른 말이다. 의식은 2장에서 설명한 뇌의 제1필터, 즉 감각 필터를 통과한 정보에 대한 지각이다. 우리는 수의운동의 결과를 피드백을 거쳐 받아들이고 대뇌피질에 도착한 정보를 해석해 의식적으로 근육을 움직였다고 느끼는 것이다.

그는 왜 밤마다 침대에서 떨어졌을까?

'감각' 하면 오감, 즉 시각·청각·촉각·미각·후각을 주로 떠올리지만, 몸에는 그 밖에도 중요한 감각이 있다. 바로 여섯 번째 감각이다.

예를 들어 눈을 감고 있어도 자기 신체가 구석구석 어디에 있고 어떤 상태인지를 막연하게나마 느낄 수 있는데, 이와 같은 감각이 '고유감각proprioception'이다. 이는 근육과 관절에 센서가 있기 때문이다. 이 센서를 각각 근방추와 골지힘줄기관이라고 하는데, 근육과 힘줄이 당기는 감각을 끊임없이 뇌와 척수로 보낸다. 덕분에 우리는 눈을 감아도 물건을 잡을 수 있고, 여러 근육의 움직임을 합해서 효율적으로 팔을 굽히는 동작을 비의식적으로도 실행할 수 있다.

영국의 신경과의사 올리버 색스Oliver Sacks가 쓴 《아내를 모자로 착각한 남자》에는 이 고유감각을 통합하고 처리하는 뇌 영역에 장애를 입은 환자의 사례가 나온다. 이 환자는 어느 날 밤 자고 있던 침대 위에 낯선 발이 있다고 느꼈다. 기분이 이상해서 걷어찼더니 자신이 침대에서 떨어졌다. 그 낯선 발은 곧 자기 발이었던 것이다.

그 밖에도 고유감각에 장애를 입어 일거수일투족을 눈으로 보고 확인해야만 걸을 수 있는 환자의 사례가 보고된 바 있다. 자기 신체가 어떻게 움직이는지를 눈으로 확인하지 않아도 알 수 있는 것은 절대 당연한 일이 아니다.

자기 몸이 어느 정도 기울어져 있는지, 어느 정도 회전하고 있으며 속도를 내고 있는지를 느끼는 기관도 있다. 바로 귀 안쪽에 있는 전정과 반고리관이다. 전정은 중력의 방향과 변화를 감지하고, 반고리관은 머리 회전 방향과 속도의 센서 역할을 한다. 덕분에 눈을 감

머리가 좋다는 건 무슨 뜻일까?

고도 한쪽 발로 설 수 있고, 몸이 약간 기울어져도 '아차차' 하고 쓰러지지 않고 몸을 지탱할 수 있도록 반대쪽 근육을 즉시 긴장시키는 반사를 일으킨다.

이 머리 회전과 기울기의 신호는 안구를 움직이는 신경에 정보를 보내 머리 회전과 역방향으로 안구를 움직인다. 이와 같은 협조적인 운동 덕분에 아무리 몸을 격렬히 움직여도 사물을 똑바로 볼 수 있다. 또한 움직이는 사물을 눈이 불수의운동으로 좇는 반사가 작용해, 사물을 보는 자세를 일정하게 유지한 채로 그 움직임을 유지한다.

안구는 움직이지 않는 것 같지만 의외로 빈번히 움직인다. 자기 모습을 영상으로 찍어 보면 눈이 움직인다는 것을 알 수 있다. 눈은 입만큼 일한다고도 할 법한데, 만일 눈이 움직일 때마다 소리가 난다면 꽤 시끄럽겠다는 생각이 들 만큼 자주 움직인다.

5. 생각한 대로 신체를 움직일 수 있는가?

실측과 예측 사이,
프로와 아마추어의 뇌

배나 전철 같은 탈것에 장시간 타고 있으면 멀미가 날 때가 있다. 이는 불수의근 움직임을 느끼는 센서, 기울기와 가속을 느끼는 센서, 그리고 시각적 변화와 그에 따른 안구의 움직임 등이 빠르게 바뀌어서 생기는 현상이다.

뇌 예측과 빠르게 변화하는 실측 사이 불일치에 스트레스 반응이 따라가지 못하거나 교감신경계와 부교감신경계 등의 자율신경계가 균형에 과잉 반응해 협조가 이루어지지 않으면 불쾌한 기분이 든다. 이는 '평형감각'을 느끼므로 나타나는 현상이다.

멀미약은 이 과도한 신경전달을 차단해 준다. 주성분은 스코폴라민scopolamine이라는 물질로, 신경과 근육에 작용하는 주요 신경전달물질인 아세틸콜린acetylcholine의 전달을 억제한다. 그 결과 과민해진

자율신경계가 구토중추 등을 활성화하는 작용을 막는다.

최근에는 차 안에서 글을 쓰거나 읽는 일이 많아져서인지 내릴 무렵에 속이 울렁거리거나 두통이 생기는 등 예전보다 자주 멀미를 한다. 어쩌면 나이가 든 영향도 있을 것이다. 한번은 열차를 타고 출장을 가야 해서 멀미약을 사 먹은 적이 있다. 그런데 이후 일반 기차로 옮겨 탄 뒤 세 번이나 잘못 환승하는, 평소 같으면 하지 않을 실수를 반복했다.

출장 지역이 초행길일 때는 더욱 신경을 쓰기 때문에 환승역을 지나치는 일이 없는데, 그날은 무슨 이유인지 '다음에 내려야지'라고 생각하고 있었는데도 스마트폰에 빠져 있다가 그만 역 하나를 지나쳤다. 어쩔 수 없이 반대쪽으로 돌아가 이번에는 실수하지 않으려고 '다음 역에서 내려야 한다'라고 머릿속으로 되뇌었다. 그런데도 정신을 차려 보니 역 하나를 지나친 것이다. 참으로 한심한 경험이었다.

나중에 찾아보니 멀미약 부작용 가운데 '집중력 저하'가 있었다. 스코폴라민이 억제하는 신경전달물질 아세틸콜린은 뇌 안에서 집중과 기억, 학습에 깊이 관여한다. 그러니 집중력이 떨어진 것이 분명했다. 그런데 그때 느낀 것은 집중력이 부족한 멍한 상태였다기보다는 오히려 스마트폰을 하는 등 눈앞의 일에 과도하게 집중한 나머지 평소에는 들렸을 차내 안내 방송을 듣지 못했다는 점이다. 이전부터 집중력에는 눈앞의 작업에 몰두하는 집중과 나 자신을 포함해 주위를 한눈에 살피는 집중이 있다고 생각했는데 뜻밖의 상황에서 이를 증명한 셈이다.

뇌에 장착된 손 떨림 보정 기능

최근에는 'VR 멀미'라는 것도 있다. 고글 등을 끼고 3D 가상현실virtual reality을 체험하면 평소 시야와 위화감이 느껴져 멀미 못지않게 피로감을 유발한다고 한다. 이를 경험한 적 없어서 체험담을 찾아보니 예상대로 시야가 움직이지 않는다거나 머리를 움직여도 시야가 한정되는 등 평소에 비의식적으로 일어나는 전정안구반사와의 해리가 원인이었다.

그럼 어째서 아무리 격렬히 운동해도 멀미가 일어나지 않는 걸까? 이는 지금 자기가 어느 정도 기울어져 있는지 같은 정보와 머리의 움직임, 눈의 움직임이 완벽한 협조를 이루고 있기 때문이다. 자신이 기울어져 있다는 정보는 귓속 작은 탄산칼슘 결정체인 이석이 데굴데굴 굴러서 감각세포를 자극해 뇌에 보내진다. 이 이석이 떨어져 나가 오작동을 일으키면 어지럼증이 일어난다.

우리는 보이는 시야의 흔들림을 비의식적으로 보정한다. 한 행사에서 요즘 젊은이에게 옛날식 카메라로 촬영을 부탁한 적 있다. 나중에 확인했더니 대부분 흔들려서 쓸 수 없는 사진들뿐이었다. 요즘 카메라나 스마트폰에는 당연히 흔들림 보정 기능이 있으므로 흔들림을 의식하지 않았다는 증거다. 옛날식 카메라에는 흔들림 보정 기능이 없으므로 옆구리를 붙여 중심을 낮추고 숨을 참으면서 사진을 찍어야 한다. 우리는 뇌가 흔들림 보정을 한다. 그렇다고 해서 스마트폰에 장착된 흔들림 자체를 보정하는 고도의 기술은 아니지만, 흔들리는 영상은 솎아내고 띄엄띄엄 이어지는 정지화면 사이의 프레임을 임의로 예측해 가장 정합성을 이루는 영상을 만들어 삽입하는 엄청난 작업을 한다.

최근 AI도 정지화면으로 매끄러운 동영상을 만들 수 있다고 하는데, 뇌는 까마득한 태곳적부터 그 작업을 해온 셈이다. 이를테면 우리는 뇌가 만든 가짜 세계를 보는 것이다. 실체를 알고 나면 두려운 이야기지만, 그렇다고 곤란한 일은 아니다. 그 세계를 우리는 당연하다는 듯 받아들이고 살아왔으니 말이다.

운동선수와 예술가의 좋은 머리 비결

뇌는 1초 동안 연속해서 정지화면 세 장을 보면 그것을 동영상으로 느끼는 성질이 있다. 예전에 교육 프로그램에서 자주 보던 클레이

애니메이션(점토 등으로 만들어진 피사체를 한 프레임씩 촬영하는 애니메이션)은 순간 캡처된 정지화면의 연속으로 동영상을 보는 느낌을 준다. 또 누구나 한 번쯤 교과서나 노트 모서리에 연속된 그림을 그려 플립북을 만들어 본 적 있을 것이다.

결국 애니메이션도 동영상도 정지화면의 연속이라고 해석할 수 있다. 1초 동안 전송되는 프레임 수를 나타내는 단위를 프레임률fps, frames per second이라고 하는데, 요즘에는 30fps나 60fps 정도의 매끄러운 영상이 당연시되고 있다. 그런데 뇌는 3fps로도 충분하다. 대신 부족한 프레임은 예측으로 보완한다.

뇌는 변화가 있는 부분에만 주목하는 성질이 있다는 점을 2장에서 설명한 바 있다. 원리적으로는 멈춰 있는 것을 지각할 수 없어도 눈앞에 펼쳐진 하얀 벽이 분명히 '있다'고 인식할 수 있는 것은 안구가 미묘하게 움직이기 때문이다. 차를 운전할 때도 횡단보도를 건널 때도, 좌우를 살피고 다시 우측을 보는 것은 처음에 봤을 때와 두 번째 봤을 때의 변화를 감지하기 위해서다.

이 변화도 두드러지지 않으면 뇌가 모르고 지나칠 수 있다. 따라서 천천히 시간을 들여 자연스럽게 변화하면 우리는 그것을 변화로 인식할 수 없다. 내 아이의 변화는 눈치채지 못해도 남의 집 아이는 훌쩍 큰 것처럼 느끼는 것도 비슷한 현상이다. 자기 몸에서 일어나는 변화도 마찬가지다.

운동선수나 예술가의 좋은 머리의 비결은 바로 이 변화에 민감한지 아닌지와 관련 있다. 시선을 추적하는 기술인 아이 트래킹eye tracking 디바이스를 실험 대상자에게 부착하면 시선의 움직임을 알수 있는데, 이를 이용해 프로 운동선수와 예술가 그리고 일반인과의 차이를 알아내는 연구가 이루어지고 있다.

캐논이 실시한 연구에서는 사진을 감상할 때 프로 사진가는 아마추어보다 다섯 배나 더 시선을 움직일 뿐만 아니라 아마추어가 못 보고 지나친 여백이나 세부까지에도 시선이 향한다는 사실이 밝혀졌다. 또 다른 연구에서도 그림을 볼 때 일반인은 주로 사람 얼굴에 곧장 눈이 가지만, 전문가는 다른 곳부터 보기 시작한다고 한다. 동물의 경우는 얼굴에 시선이 향하는 시간이 짧다고 하는데, 무심코 얼굴을 주시하는 것은 사람만의 인지라고도 할 수 있다.

프로 운동선수를 대상으로 한 연구에서도 예술가와 마찬가지로 더욱 넓은 시야로 다양한 곳에 시선이 향한다는 사실이 밝혀졌다. 그럴 여유가 있다고 말하는 것이 정확하겠다. 또 프로야구의 타자는 아마추어보다 빨리 공에서 눈을 뗀다는 흥미로운 보고도 있다. 어느 정도 실측이 끝나면 나머지는 예측으로 해결할 수 있다는 빠른 판단이 프로와 아마추어를 나누는 차이일 것이다.

뇌 속에 존재하는
신체 지도

인간은 항상 내장감각을 느낀다. 예를 들어 심장이 두근거리고 하복부 주변이 당기는 감각들은 깨어 있는 내내 끊임없이 느껴져 '기분'에 영향을 미친다.

지금까지 설명한 고유감각이나 평형감각, 내장감각 등은 모두 '내수용성감각'이다. 오감뿐만 아니라 내수용성감각에 민감해져 기분 변화에 대한 해상도를 높이는 것도 살아가는 데 중요한 능력이다. 이 부분은 7장에서 다시 살펴보자.

우리는 늘 자신을 느끼지만, 개개의 감각기관이 느끼는 것은 아니다. 개개의 감각기관은 어디까지나 정보를 모으는 장치이고 실제로는 뇌에서 정보를 집약한다. "보는 눈이 높다"라거나 "귀와 입(혀)이 고급이다"라고 표현하는데, 실은 그 모두가 뇌에서 일어난다. 감각 기관의 성능은 생각보다 우열의 차이가 없다. 그보다는 수용한 감각을 취사선택해 어느 것을 지각으로 보낼지를 선별하는 감각 게이트 메커니즘에 개성과 감성이 드러난다(6장 참조).

모든 감각은 대뇌피질로 보내지고 신체 부위별로 대뇌피질의 어느 영역에서 정보를 전문적으로 처리할지 정해져 있다. 이를테면 대뇌피질 위에 신체 지도가 그려져 있는 것이다(그림 ⑤). 어느 신체 부위에 뇌 영역을 얼마만큼 할당할지는 각자 다르지만, 사람의 경우는 손바닥이나 혀처럼 민감한 부위에 더 많은 뇌 영역을 할당한다(그림 ⑥). 한편 쥐 등은 수염이 중요한 센서 역할을 하므로 수염 영역이 커진다(그림 ⑦). 이를 단적으로 알기 쉽게 나타낸 것이 '뇌의 호문쿨루스homunculus'라고 부르는 형상이다. 얼핏 보면 꺼림칙한 기분이 들 수도 있다. 그렇지만 이 그림은 어디까지나 이 모델이 된 사람의 뇌 속 '신체 지도'일 뿐이다.

실제로 바이올리니스트는 왼손을 더 현란하게 움직이므로 그를 처리하는 뇌 영역의 부피가 커져 있고, 피아니스트는 양손을 사용하므로 양손을 담당하는 뇌 영역에서 그러한 현상이 나타난다고 한다. 다만 뇌 영역의 크기가 우열을 정하는 것은 아니다.

흥미롭게도 우리는 도구를 신체의 연장으로 사용할 수 있는 능력을 갖추고 있다. 자기 신체에 관한 인지를 '신체성'이라고 하는데, 신체는 연장되지 않지만 신체성은 연장된다. 뇌는 감각을 통해 입력된 정보를 통합해 신체성 같은 신체의 역동적 표상을 만들어 낸다. 그래서 신체성은 끊임없이 생성할 수 있다. 그런데 신체 인식에 교란이 발생하면 뇌에서 그 표상이 바뀌게 된다. 가위나 로봇 팔, 혹은 크레인의 선단이 마치 자신의 손끝처럼 느껴지는 현상도 있다. 이 현상과 관련된 대표적 실험으로 고무손 착시rubber hand illusion (신체 이동 착시)를 들 수 있다. 고무로 만들어진 손을 자기의 손으로 인지해 통증을 느끼는 현상이다.

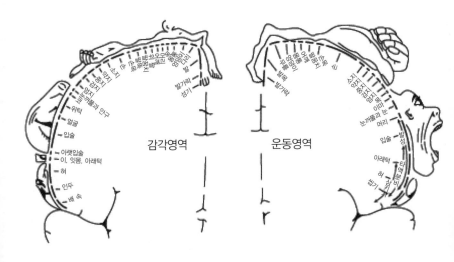

그림 ⑤ 대뇌피질의 감각 지도

머리가 좋다는 건 무슨 뜻일까?

그림 ⑥ 사람의 호문쿨루스

그림 ⑦ 쥐의 호문쿨루스

5. 생각한 대로 신체를 움직일 수 있는가?

계속해서 수정되는 신체 지도

뇌 속 '신체 지도'는 유동적이라서, 한번 정해지면 두 번 다시 변하지 않는 것이 아니다. 극단적 예로 시력을 잃게 되면 시각영역은 눈에서 정보가 들어오지 않으므로 쓰이지 않지만, 사용하지 않게 된 뇌 영역은 그냥 내버려 두는 것이 아니라 다시 잘 사용한다. 시력을 잃은 대신에 청각이 발달한다거나 손끝 감각이 예리해지는 이유가 그 때문이다.

이와 같은 현상이 바로 '뇌 가소성neuroplasticity'이다. 실제로 점자를 읽을 수 있게 된 시각장애인의 시각영역은 점자를 읽을 때 활성화한다. 요컨대 점자를 읽는 사람은 시각을 느낀다고 할 수 있다. 또한 예상치 못한 병으로 시각영역에서 뇌경색을 일으키면 점자도 읽지 못한다고 한다.

흔히 '오체 만족'이라고 하는데, 우리는 눈이 보이지 않거나 귀가 들리지 않으면 불편하다거나 불행하다고 단정 짓는 구석이 있다. 그러나 눈이 보이지 않고 귀가 들리지 않는 신체 조건에서도 대체 기능으로 현실을 사실적으로 느낀다. 예를 들어 개의 후각은 사람의 몇만 배에 이를 정도로 예민하고, 새나 벌레는 자기장을 직접 '볼 수 있다'. 그 생명체들은 사람을 보면서 냄새를 잘 맡지 못해서 불편하겠다거나 자기장이 보이지 않아서 불행하겠다고 생각할까?

우리는 개만큼 후각이 발달하지 않아도 불편하지 않고 자기장이 보이지 않는 것이 당연하다고 생각한다. 따라서 눈이 보이지 않거나 귀가 들리지 않는다고 해서 불행하리라고 단정 짓는 것은 오만한 생각이다. 그러나 눈이 보이거나 소리가 들린다는 전제로 설계한 거리 정비나 디자인 등은 장애인에 대한 배려가 부족하므로 유니버설 디자인universal design (제품, 시설, 서비스 등을 이용하는 사람이 성별, 나이, 장애, 언어 등으로 제약받지 않도록 설계하는 것으로, 흔히 '모든 사람을 위한 디자인' '범용디자인'이라고 한다.—옮긴이) 등을 적극 도입해야 한다. 눈이 보인다 해도 빛이나 색을 느끼는 방법, 보는 방법, 거기서 우러나는 감정 등은 제각기 다르다. 그 다름을 인정한 배려는 반드시 필요하다.

뇌를 속이는 방법

어린 시절 사고로 시각을 잃은 마이크 메이Mike May 는 남들보다 청각이 뛰어나고, 회사 경영에서 성공을 거두었을 뿐만 아니라 장애인 올림픽에 스키선수로도 출전했다. 그리고 세월이 흘러 의학의 발전으로 시력을 되찾는 수술을 받는다. 그러나 수술 뒤 눈을 뜨자 빛이 쏟아져 들어올 뿐 정작 아무것도 보이지 않았다고 한다. 눈은 떴어도 학습과 경험이 없었으므로 시각을 인지할 수 없었던 것이다.

이는 3장에서 설명한 곤돌라 고양이의 예와 마찬가지로, 눈은 단순히 빛 정보를 처리할 뿐이지 그것이 무엇이고 자신에게 어떤 의미가 있는지를 인식하려면 능동적 경험이 필요하다는 사실을 말해 준다. 인지에 관해 깊이 생각하게 하는 사례 가운데 하나다.

그 밖에도 사고로 잃은 손이 아프다고 느끼는 불가사의한 현상인 '환지통phantom limb pain'이 있다. 자기 손이 어디에 있고 손이 아프다는 느낌이 손 자체가 아니라 뇌에서 일어난다는 사실을 실감할 수 있는 사례다. 손을 잃었지만, 뇌에는 손에 대응하는 감각 지도가 여전히 남아 있기에 일어나는 현상이다. 뇌는 예측을 만들어 내고 그것을 감각기관으로 느끼는 실측값과 대조해 지각해 내는데, 잃어버린 손에서는 아무리 기다려도 실측값이 돌아오지 않으므로 뇌가 하향식으로 과잉 신호를 보내기 때문에 통증으로 느끼는 것이다.

환지통을 치료하기 위한 훌륭한 해결책으로 빌라야누르 S. 라마찬드란Vilayanur S. Ramachandran이 제시한 거울 상자 실험이 있다. 상자 위 뚜껑을 열고 거울로 칸막이를 만든 뒤 한쪽 칸에 잃지 않은 손을 넣는다. 거울에 손이 비치면 다른 쪽 손도 마치 있는 것처럼 보인다. 그렇게 더 이상 아프지 않다, 과잉 신호를 보내지 않아도 된다고 뇌를 '속여' 학습시킴으로써 환지통을 없애는 방법이다. 더 자세한 내용은 그가 공저로 쓴《라마찬드란 박사의 두뇌 실험실》을 통해 확인할 수 있다.

비슷한 현상은 이명으로도 일어난다. 노화나 스트레스 등으로 특히 고음 영역을 담당하는 청각 기능이 급속도로 떨어지는데, 그에 대응하는 뇌 영역은 아직 남아 있으므로 윙윙거리는 환청만이 '들리는 것'이다. 이명은 타인에게 들리지 않는다는 점에서도 알 수 있듯이 귀라는 감각기관의 문제가 아니라 뇌의 문제라고 할 수 있다. 최근에는 인공와우나 보청기 기술이 발전해 뇌를 잘만 속이면 이명도 치료할 수 있을 것으로 기대된다.

경험은 세상에 대한 해상도를 높인다

앞서 경험이 없으면 지각할 수 없다고 했는데, 이를 '경험맹 상태experience blindness'라고 한다. 이를테면 다음 그림 ⑧을 보고 거기에 무엇이 있는지 설명할 수 있는가. 한번 경험하면 더 이상 그것밖에는 지각할 수 없는 것도 경험맹의 특징이다(그림 ⑨). 이처럼 우리는 경험을 통해 급속하게 뇌 지도를 수정하고 새로운 예측을 형성한다. 2장에서 설명한 것처럼 뇌는 예측을 만들어 내는 장치이고 예측이 없으면 지각할 수 없다. 4장에서 세운 가설처럼 세상은 이러할 거라는 '지혜 주머니 기억'을 얼마나 많이 쌓았는지가 새롭게 수용한 감각자극에 대한 해상도를 높인다고 할 수 있다. 그것이 바로 눈과 귀, 입

그림 ⑧

(혀)의 수준이 높다고 부르는 상태일 것이다.

아기는 깨어 있을 때 계속해서 신체를 움직여 다리를 버둥거리고 손가락을 입으로 가져간다. 이리저리 움직이는 동안 목을 가누고 뒤집기를 할 수 있게 된다. 성인이 뒤집기를 하려면 아무래도 다리 힘을 사용하게 되므로 재현이 어렵지만, 의외로 합리적인 동작임을 알 수 있다.

무한한 시행착오가 계속되는 동안 이렇게 움직이면 자기 신체가 어떻게 움직이는지 학습하게 되고 예측이 선다. 이 예측을 토대로 실제로 행동을 계획하고 근육에 명령을 내리는데, 그 결과를 실측해 오차가 크면 수정하는 피드백을 거친다. 이 과정이 운동학습이

그림 ⑨

고, 그 결과는 절차기억으로 뇌에 쌓인다. 운동학습은 소뇌에서 이루어진다. 4장에서 살펴본 것처럼 HM 씨는 해마를 제거했지만, 절차기억은 유지되었다는 점에서도 일반적 기억과는 다르다는 것을 알 수 있다.

자기 신체를 생각한 대로 움직이려면 뇌 지도를 높은 해상도로 그려, 그것을 실측에 맞게 수정하는 반복이 필요하다. 나중에 살펴보겠지만 이 과정에 재능이나 센스가 들어갈 여지는 없어 보인다. 관건은 얼마나 관심을 가지고 지속해서 시행착오를 반복할 것인지이다.

근력 운동보다
뇌 훈련이 중요한 이유

또 한 가지 소개하고 싶은 중요한 작용을 하는 뇌 부위가 있다. 적절한 운동을 선택하고 그 시작과 종료의 스위치 역할을 담당하는 뇌 구조다. 바로 '기저핵'이라는 일련의 뇌 회로다. 기저핵은 정교한 회로로 되어 있고 기본적으로는 루프를 형성한다. 따라서 한번 작동하기 시작하면 브레이크 명령이 올 때까지 동작을 계속한다.

기저핵의 개시 스위치는 흑질이라는 부위에 해당한다. 이곳이 장애를 입으면 수의운동을 개시하기 어려워져 자기 의사와는 상관없이 근육이 떨리는 파킨슨병이 발병할 수 있다. 흑질은 선조체에 회로를 접속하고 있는데, 이때 전달에 사용하는 신경전달물질이 도파민이다.

도파민은 고양감, 보상계, 동기부여를 비롯한 다양한 정동에 관여하지만, 운동에도 깊이 관여한다. 그러니 자기 신체를 생각한 대로 움직일 수 있다는 것은 본질적으로 쾌락과 보상으로 이어진다. 또한 도파민은 예측과 오차 수정에도 관여한다. 우리의 행동 원리 가운데 하나로 보상을 최대화하려는 경향이 있는데, 자신이 예측한 대로 몸을 움직여 얻고자 하는 행동을 달성하면 이것이 곧 하나의 보상으로 연결된다.

선조체에서는 안구나 자세 제어 등 다양한 움직임 회로에 명령을 내리는데, 흥미롭게도 이러한 회로는 억제가 기본으로 설계되어 있다. 즉 적절한 때에 도파민이 방출되면, 예를 들어 안구의 움직임을 억제하는 선조체의 작용이 제어되므로 결과적으로 안구의 움직임이 시작되는 구조다. 이러한 구조를 '탈억제disinhibition'라고 한다.

이 행동의 결과는 시상의 감각 게이트를 지나 대뇌피질에서 평가받는다. 대뇌피질이 승인 명령을 내리면 루프가 계속되고 중지 명령을 내리면 멈춘다. 또 대뇌피질에서 긴급 정지와 같은 단축키로 브레이크를 거는 회로도 있다. 이렇게 해서 적절한 때에 행동을 개시하고 종료하는 기본적인 동작이 제어되는 것이다.

이와 같은 루프 구조와 브레이크 구조는 골격근과 안구뿐만 아니라 전두전야와의 루프, 정동 회로와의 루프도 있어서 작업기억이나 행동의 동기부여 같은 정동으로부터 제어도 받는다고 할 수 있다. 이 구조는 마치 컴퓨터처럼 되어 있어 생명체가 얼마나 정교하게 만들어졌는지 실감할 수 있다.

똑바로 서 있는데도 몸이 기울어진 이유

지금까지 적절한 행동을 개시해 자기 신체를 '생각한 대로' 움직이는 정교한 구조를 살펴보았다. 간단한 동작이라도 생각한 대로 수행할 수 있는 사람은 모두 우수한 생명체라는 생각이 든다. 그중에서도 더 높은 곳을 목표로 하는 운동선수나 예술가는 무엇이 다른지 살펴보자.

'나는 운동치다'라고 생각하는 사람도 병이나 장애가 없다면 기본적인 동작은 할 수 있다. 그렇다면 그런 사람은 단순히 경험맹 상태를 가리켜 운동치라고 말하는 것이라고 가설을 세울 수 있다. 운동치라고 하면 100미터를 20초대로 달리거나 공을 잡으려다가 머리를 맞는 모습이 떠오른다. 그런데 이러한 결과는 자기 몸이 지금 어디에 있고 자기 신체를 어떻게 해야 원하는 움직임을 얻는지에 대한 경험 부족에서 오는 것이다. 이러한 자기 신체에 대한 의식을 '신체 인지'라고도 하는데, 운동선수는 이 신체 인지가 상당히 높다는 말은 들은 적이 있다.

예를 들어 프로야구 투수에게 "시속 143킬로미터 속도로 공을 던지라"고 지시하면 정확히 그 속도를 낸다. 또 피겨스케이터는 체중이 500그램 늘었다거나 줄었다는 것을 재보지 않아도 안다. 이 수준까지는 아니더라도 먼저 자기 신체 인지를 높이는 것이 운동치

머리가 좋다는 건 무슨 뜻일까?

를 극복하는 첫걸음이다. 그러니 이것은 정도의 문제이므로 치명적 운동치는 존재하지 않는다고도 할 수 있다.

이런 말을 하는 나 역시도 전형적 문과라서 운동 경험이 별로 없는 것이 콤플렉스다. 최근에야 비로소 내 몸에 관심이 조금씩 생기기 시작해 내 몸을 생각한 대로 움직이지 못하고 나이 들어간다는 것이 억울하다는 생각이 들었다. 그래서 근력 운동이나 특정 스포츠 운동이 아닌 신체 인지를 높이는 운동을 시작했다. 지금까지 해본 소감을 말하자면, 내 몸에 대한 해상도가 매우 낮았음을 깨달았다.

이를테면 트레이너가 똑바로 서보라고 해서 거울 앞에 서보았더니 몸이 한쪽으로 기울어져 있었다. 허리는 구부정하고 어깨는 올라가 있고 고개는 삐딱한데, 똑바로 섰다고 생각한 것이다! 눈을 감고 한 발로 설 수 있고 물건을 잡을 수도 있으므로 평형감각이나 고유감각에 이상이 있는 것은 아닌데 말이다.

신체는 필사적으로 뇌에 신호를 보내는데, 그 신호에 귀를 기울이지 않고 한정된 자신의 성공 경험을 바탕으로 만들어 낸 뇌 지도로만 지금껏 움직였던 것이다. 이제껏 가위로 반듯이 종이를 자르지 못한 것도 그 때문일지 모른다. 문제는 그럼에도 그럭저럭 설 수 있고 걸을 수 있다는 것이다. 그러나 오류가 존재하는 상태로 살아온 대가로 허리를 세워 균형을 잡는 대신 요통에 시달리고 있다.

내 몸에 귀를 기울여야 뇌를 활성화할 수 있다

내게 필요한 것은 근력 운동이 아니라 뇌 훈련이다. 근력이 없어서 내 몸을 생각한 대로 움직일 수 없는 것이 아니기 때문이다. 다리와 허리가 '약하다'고 할 때 그 말의 의미는 근육이 약해졌다는 것이 아니라 거기에 미치는 운동신경과 뇌의 연계가 약하다는 것이다.

우주에서 지구로 막 귀환한 우주비행사라면 모를까, 보통은 땅에 서거나 앉거나 걸을 수 있는 정도의 근력은 가지고 있다. 그러니 뇌와 근육의 연결을 단련하는 가장 좋은 방법은 운동 명령을 가동하는 경험을 많이 쌓는 것이다. 바로 신체 인지 능력을 올리는 작업이다.

무조건 많은 움직임을 다양하게 경험해야 한다. 그래서 같은 움직임을 계속해서 반복하는 식의 근력 운동은 그다지 효율적이지 않다. 운동학습은 정지화면이 아닌 동작으로 받아들여야 하므로 일상 동작의 연장선상에서 무작위의 다양한 움직임을 경험하는 훈련이 필요하다.

신체 움직임이나 뇌의 작동 방법도 자칫하면 에너지 절약을 우선시하여 같은 패턴에 빠지기 쉽다. 실제로 동작을 분석해 보면 하루에 경험하는 동작은 정형적인 반복일 것이다. 신체는 좀 더 다양한 움직임이 가능한데도 그 움직임을 경험하지 못해서 동작의 신경 회로 시냅스 결합이 약해지고 만다. 그래서 결국 같은 움직임만 하게 되는 것이다. 이것이 악순환이다. 이렇게 쌓인 부정적 루프가 곧지금의 자기 신체가 된다.

그러한 악순환에서 벗어나려면 가장 먼저 '과거에는 경험한 적있지만 몇십 년째 한 적 없는 신체의 움직임'을 시도해 다시 그 회로를 활성화해야 한다. 그러려면 온몸에서 내는 소리에 귀를 기울여야 한다. 그러나 내 감각 필터는 무슨 기준에서인지 필요하지 않은 정보를 비의식적으로 취사선택해 좀처럼 뇌로 전달하지 않게끔설계된 듯하다. 어떻게 하면 이 정보를 뇌로 보낼 수 있을까?

5. 생각한 대로 신체를 움직일 수 있는가?

최고의 장난감은
자기 몸이다

중요한 것은 어디에 어떻게 집중할 것인가. 자기 몸의 소리를 듣는 첫걸음은 지금 자신이 어느 부위를 움직이고 있는지, 어떤 감각에 노출되어 있는지에 주의를 기울이는 것이다.

자신이 어떻게 걷는지, 말할 때는 어디에 혀를 두는지를 생각해본 적 있는가? 그런데 막상 주의를 기울이면 제법 적절히 움직이고 있음을 깨닫는다. 이러한 자기 내면에 대한 주의를 내적 집중internal focus 이라고 한다. 반면 "이 받침대에서 떨어지지 않도록 균형을 잡아보라"고 하면 특정 근육에 주의를 기울이기보다 일단 다양한 움직임을 시도하며 균형을 잡으려고 한다. 이처럼 자기 몸에서 의식을 멀리하는 것을 외적 집중external focus 이라고 한다. 운동학습에서는 양쪽 모두가 중요하다.

비의식적으로 자기 신체를 생각한 대로 움직일 수 있으려면 어느 정도 반복 훈련은 필요하지만, 같은 행동을 매번 반복할 것이 아니라 뇌에 다른 자극을 주어서 '지혜 주머니 기억'을 쌓아나가는 과정도 필요하다.

그런 관점에서 볼 때 스몸비smombie(스마트폰을 들여다보며 길을 걷는 사람들을 뜻하며, 스마트폰과 좀비의 합성어다.—옮긴이)는 궁극의 외적 집중 상태다. 언제 어느 때 무엇이 날아들지 모르는 환경에서 스마트폰에서 자기에게 필요한 정보를 끄집어내야 하기 때문이다. 걸어가면서 친구와 채팅하고 음악을 듣고 우산을 쓰고 타피오카 음료를 마시는 사람은 어지간한 운동선수보다 나을 수도 있다.

멀미약을 먹고 나서 눈앞의 스마트폰 검색에 집중한 나머지 차 내에서 흘러나오는 안내 방송을 듣지 못해 내릴 역을 지나치고 말았던 나의 경험은 이 외적 집중이 작용한 결과일 것이다. 바꿔 말하면 하향식 예측이 작용했다고도 할 수 있다. 프로야구 타자가 공에서 시선을 떼는 타이밍을 재빨리 판단하는 것처럼 상향식 감각 입력으로 받아들일 정보에 집중하기를 멈추고 나머지를 하향식 예측으로 보충하려는 것이다.

그런데 이 정보 처리 과정이 느슨해지면 틀린 예측을 세우거나 예측 수정이 먹히지 않거나 혹은 상향식 감각 입력에 집중해서 멈추는 타이밍을 잘 못 맞춘다. 그 결과, 목적한 행동을 수행할 수 없다.

예술가나 운동선수가 무아지경에 빠져 주위의 모든 상황이 손에 잡힐 듯이 보이는 상태를 "존zone에 들어간다"라고 표현한다. 이 현상에 대해서는 아직 명확한 가설을 세울 만큼 사고가 정리되지 않았지만, "감각이 예민해진다"라는 말과는 달리 오히려 감각의 세계가 아니라 하향식 예측이 산출하는 값이 전부 실측값과 오차 제로에서 반복되는 상태일 수 있다. 투수가 정확히 시속 143킬로미터로 공을 던지는 것처럼 자기 신체 인지를 완전히 장악한 사람만이 이를 수 있는 경지일 것이다.

변화를 위해서는 루틴이 필요하다

야구선수 오타니 쇼헤이大谷翔平는 웜업 루틴을 반드시 한 뒤 연습에 들어가는 것으로 유명하다. 어떤 운동선수든 루틴이 있다고 한다. 단순한 징크스는 아닐 텐데, 왜 루틴이 필요할까?

신체 인지를 정확히 하기 위해서는 어떤 단서가 필요하다. 더 나은 가설을 세우려면 단서가 많은 편이 유리하므로 정지화면보다는 동영상으로 이해하는 편이 낫다. 우리는 다양한 국면에서 정지화면 방식의 사고를 하는 경향이 있다.

예컨대 체온이나 체중도 그날의 실측값 자체보다 변화율이 중요하다. 혹은 자기평가와 실측값이 어느 정도 어긋나는지가 더 중요하다. 나도 그렇지만 신체 인지가 낮은 사람은 자기평가와 실측값의 괴리가 크든 작든 심하다고 할 수 있다.

오늘은 몸 상태가 좋다거나 별로라거나 하는 자기평가와 그것을 뒷받침하는 수치 데이터 같은 성과 사이의 괴리를 가능하면 최소화하고 싶을 것이다. 그러려면 가능한 한 많은 데이터를 확보해 정확한 가설을 세워야 한다. 변화를 알려면 루틴이 필요하다. 다만 이때 뇌는 같은 것에 익숙해지면 사고도 동작도 단축해 버리는 습관이 있다는 사실을 염두에 두어야 한다.

따라서 매일 체조만 할 것이 아니라 오늘 체조를 했으면 내일은 요가, 내일모레는 태극권을 하는 식으로 다른 움직임으로 자기 신체 상태를 측정해 보자. 아직은 '과거에 경험한 적 있지만 벌써 몇십 년째 한 적 없는 신체의 움직임'이 있을 테니 새로운 움직임을 실행해 보았을 때 적응 정도로 그날의 몸 상태를 평가하는 것이 좋다.

운동뿐만 아니라 스스로 뇌 상태를 가늠하는 지표로 어느 날은 계산 연습을 하고 또 어느 날은 책을 읽어도 좋다. 수면이나 식욕으로 가늠할 수도 있다. 가능하면 새로운 것을 시도하는 걸 매일의 루틴으로 삼아 그 흥미나 적극성 등으로 자기 마음 상태를 파악해 보자.

먼저 자신에게 관심을 가지고 자기에 대한 해상도를 높이는 것

5. 생각한 대로 신체를 움직일 수 있는가?

이 중요하다. '과거에 경험한 적 있지만 몇십 년째 한 적 없는 신체의 움직임'을 경험하는 것은 그 자체로 흥미로울 뿐 아니라 조금씩 자기 신체 인지가 높아지는 것도 실감할 수 있다. 또 자기 신체를 생각한 대로 움직일 수 있게 되면 본질적으로 보상과 쾌감으로 이어진다.

최근 만원 전철을 타고 가다가 인파에 밀려 몸이 생각지 못한 방향으로 움직였을 때 '지금까지 경험한 적 없는 움직임이로군!' 하는 생각이 들었다. 몸이 밀리거나 구겨질 때 불쾌한 이유는 자기가 정한 움직임에서 벗어나고 싶지 않다는 생각을 고집하기 때문이다. 마찬가지로 뇌를 사용하는 방법도 습관적으로 반복하는 방법에서 조금 일탈할 수 있어 행운이라고 받아들인다면, 가령 막무가내 비판이나 험담도 긍정적으로 수용할 수 있을 것이다.

성인에게 최고의 장난감은 자기 몸이다. '평생 가지고 놀 수 있어!'라고 생각하면 설레지 않은가.

머리가 좋다는 건 무슨 뜻일까?

- 머리가 좋다는 말은 '자기 신체를 생각한 대로 움직이고' '끊임 없이 노력을 기울일 수 있는' 능력을 가리키며, 이는 주로 프로 운동선수나 예술가에게 나타난다.

- 대뇌피질에는 신체 지도가 그려져 있고 여기서 감각 처리가 이루 어진다. 이 지도는 개인에 따라 다르며 특정 능력이 뛰어난 사람 들은 그와 관련된 뇌 영역의 부피가 크다. 이 지도는 뇌 가소성 을 통해 감각을 상실하거나 획득하며 변화한다.

- 운동치는 경험이 부족해서 나타나는 신체 인지의 저하이며, 절대 적 상태는 존재하지 않는다. 신체 인지를 높이면 자기 몸을 적절히 제어할 수 있다.

- 근력 운동보다는 뇌와 근육의 연계를 강화하는 '뇌 훈련'이 중요 하다. 평소 운동학습과 행동에 새로운 자극을 의식적으로 적용하 면 자기 신체에 대한 주의(내적 집중)를 높일 수 있다.

6.

감수성과 창조성은
어디서 오는가?

: 예술을 추구하는 뇌

HSP는 예민한 사람?
섬세한 사람!

뇌는 상황에 따라 회로를 수정하는 '시냅스 가소성'을 발휘해 세상은 이러하리라는 모델인 '지혜 주머니 기억'을 만들어 나간다. 지성이란 단 하나의 답에 재빨리 도달하는 문제 해결 능력뿐 아니라 답이 없는 문제에 다가가는 '끈기 있는 가소성'을 뜻하기도 한다.

이러한 요소들은 개개의 경험과 기억에 바탕을 둔 것이라 사람마다 다르다. 그렇다면 구체적으로 무엇이 다를까? 이번 장에서는 뇌의 제1필터인 감각 게이트 메커니즘, 즉 일반적으로 '감수성' 혹은 '센스'라고 부르는 뇌의 작용과 예술가의 창조성에 대해 알아보자.

감각 게이트 메커니즘

예술가에는 작품을 만들어 내는 창작자뿐만 아니라 작품을 표현하는 연주가나 가수, 신체를 사용해 표현하는 무용수나 운동선수도 포함된다. 그들은 자기 신체 변화에 대한 인지가 높은 사람들이다. 그들이 공통으로 수행하는 것은 자기의 '지혜 주머니 기억'을 외재화하는 작업이므로, 그런 점에서 작가, 연구자, 연예인, 사회자 등도 예술가라고 할 수 있다.

우리는 눈에 비치는 것, 귀에 들어오는 것 모두를 지각하는 것이 아니다. 각각의 말초기관으로 들어온 후각을 제외한 오감 정보는 시상이라는 뇌 부위에 존재하는 감각 게이트 메커니즘을 통해 취사선택된다. 앞에서 이를 뇌의 제1필터, 즉 감각 필터라고 지칭했다. 여기에서 좀 더 변화가 커서 주의를 기울여야 하는 정보만이 선택되어 대뇌피질로 운반되고 지각된다. 따라서 눈은 뜨고 있지만 보이지 않거나 청각은 정상이지만 들리지 않는 상황이 발생하는 것이다.

예를 들어 비행기나 기차에서 들리는 소음이나 카페에서 사람들이 떠드는 소리가 차츰차츰 들리지 않게 되는 경험을 한 적 있을 것이다. 레스토랑에서는 배경음악에 묻혀 더더욱 다른 사람의 말소리가 들리지 않게 된다. 뇌는 더 큰 변화에 주의를 기울이는 성질이 있기 때문이다.

공기조절기를 켜면 시계 초침 소리가 작아진 것처럼 느껴진다. 이를 '마스킹 효과masking effect'라고 하는데, 비슷한 주파수의 소리 때문에 잘 들리지 않게 되는 현상이다. 화장실에 설치된 시냇물 흐르는 소리를 내는 장치도 이러한 성질을 이용한 것이다.

반대인 경우도 있다. 해외 학회에 포스터 발표를 위해 참석했을 때의 일이다. 발표장에는 연구자들로 가득했고 저마다 질문을 하거나 대화를 즐기고 있었다. 목소리가 잘 들리지 않을 만큼 소란스러운 와중에도 영어로 질의응답하고 대화를 이어 나가느라 진땀을 흘리고 있는데, 어딘가에서 불쑥 모국어가 들려왔고 나도 모르게 그쪽으로 귀가 쫑긋 서며 집중력이 끊긴 것이다.

감수성이란 갈고닦는 것

눈, 귀, 혀, 피부 등 감각기관 자체에는 그렇게까지 두드러진 '성능의 차이'가 없다고 생각한다. 각각의 감각기관에 있는 수용체의 밀도나 분포의 차이만 있을 뿐이다. 특히 망막에서 RGB(빛의 삼원색인 빨간색, 녹색, 파란색)의 특정 주파수 빛을 수용하는 색소세포는 개인차가 커서 없는 사람도 있다. 이른바 색맹이라는 색각이상 상태인데,

성능의 좋고 나쁨과는 다르다. 또 혀의 미각을 처리하는 세포는 2주 만에 교체된다고 하니 실제로 미각 수준을 결정하는 부위는 혀가 아니라 혀의 정보를 처리하는 신경, 또는 뇌라고 할 수 있다.

마찬가지로 뇌 제1필터(감각 필터)의 기초적인 부분은 타고나는 특성이므로 좋고 나쁨으로 판단할 수 없다. 대부분 무신경하게 지 각하지 않고 처리하는 걸 남다르게 취사선택해 지각하는 사람이 있 을 뿐이다. 앞에서 이야기한 오케스트라 지휘자를 떠올려 보라.

이 감각 필터의 특성이 감수성이자 센스이고, 사람마다 크게 다 른 부분이다. 한때 주목을 받았던 '섬세한 사람'을 일컫는 HSP highly sensitive person처럼 같은 감각자극도 다른 사람보다 강하게 느끼거나 민감하게 받아들이는 사람이 있다. 그들이 불만을 터뜨리는 것은 모두가 똑같이 느낄 것이라는 전제로 설계된 사회에 문제가 있다고 예민하게 감지하기 때문이다. 여름철 사무실 냉방 온도를 설정하는 문제는 일률적으로는 해결할 수 없다. 의지만으로 해결되는 문제가 아닌 것이다.

다만 비의식적으로 처리하려는 감각 필터를 열어 집중하면 카페 옆 테이블의 대화에 귀를 기울이거나 수목의 잎사귀 색 하나하나에 주목하는 일도 절대 불가능하지 않다. 누구에게나 그러한 잠재력은 있고, 훈련을 통해 습득할 수도 있다. 그러나 보통 사람이 그 일을 해내려면 고도의 주의력과 에너지가 필요한 반면, 천재 예술가들은

머리가 좋다는 건 무슨 뜻일까?

선천적으로, 특별히 의식하지 않고도 실행할 수 있는 특성을 지녔
거나 끊임없는 훈련을 해왔을 것이다.

뇌가 예술을 받아들이는
메커니즘

지금부터 예술을 이해하는 뇌의 작용에 대해 알아보자. 그러기 위해서는 창작자와 감상자 입장에서 예술을 이해한다는 행위가 어떤 의미인지를 뇌과학적 관점에서 살펴봐야 한다.

스트레스 반응에 대해 다시 한번 떠올려 보자. 스트레스 반응이라고 하면 부정적인 이미지를 떠올릴 텐데 물론 뇌는 자극 없이 평온무사한 상태를 좋아한다. 이는 세포가 지닌 항상성이라는 성질로, 이러한 뇌내 환경을 일정하게 유지하기 위해 오히려 뇌는 기꺼이 변화를 받아들인다. 뇌 가소성도 근본적으로는 바깥 세계의 변화에 적응하기 위한 작용으로, '변화를 계속하는 것이 곧 변화하지 않는 길'인 셈이다.

뇌는 무언가 자극이 들어와 뇌내 환경에 변화가 생기면 전력을

머리가 좋다는 건 무슨 뜻일까?

다해 원래 상태로 되돌리려고 한다. 그 과정에서 전기적인 반응과 시냅스 전달이 일어난다. 만일 현재 상태에서 대처하지 못하면 시냅스 전달 효율을 상승시키거나 불필요한 시냅스 전달을 약화해 좀 더 효율적으로 현상 유지가 되도록 뇌의 회로 자체를 변화시킨다.

뇌에서 감지하는 자극은 대부분이 비의식적으로 처리되고, 결과적으로 환경을 일정하게 유지하는 방법은 심박수 상승이나 식은땀, 각종 호르몬 분비 등 생리적 반응으로 교체된다. 이 신체적 변화를 뇌에서 감지하고 뇌의 제1필터를 통과해 지각에 이르러 정동으로 처리되면 쾌감, 불쾌, 공포, 혐오 등을 느낀다. 또한 이 정동을 언어화해 해석한 것이 우리가 일반적으로 말하는 '감정'의 정체다.

이 해석 과정에는 개개인의 경험에 기초한 '지혜 주머니 기억'이 중요한 영향을 미치고, 우리는 이를 바탕으로 '세상은 이럴 것이다'라는 뇌내 모델의 예측을 세워 실측값과의 차이를 관측한다.

무언가를 보고 '사랑스럽다'는 생각이 든다면, 가장 먼저 스트레스 반응이 정동으로 표출된다. 바로 '가슴이 두근거린다'는 느낌이다. 그다음으로 이 '두근거림'을 경험에 비추어 해석한 결과 감각적으로 사랑스러움을 이해하는 것이다.

새끼 고양이나 강아지와 같은 어린 생명체에게 '사랑스러움'을 느끼는 것은 모든 동물에게 공통된 생리 반응이다. 이를 언어화해 '사랑스럽다'고 느끼는 것은 어쩌면 사람뿐일 테지만, 동물이든 인

155

6. 감수성과 창조성은 어디서 오는가?

간이든 새끼를 볼 때 생기는 신체적 변화는 공통될 것이다. 수억 년에 걸친 생명 진화 과정에서 계속해서 보전되어 온 보편적 반응이다. 쾌감, 불쾌, 공포, 혐오 같은 근원적 정동은 본능적 스트레스 반응의 결과로 나타나는 것이며 보편적이라고 할 수 있다.

예술은 이 보편적 정동 반응을 일으키는 것이라서 사람의 마음을 끌어당기기 마련이다. 뇌는 가능하면 평온무사하기를 바라는 한편으로 새로운 자극을 즐기는 양가적 속성을 띤다. 예술이라는 행위는 생명 존재의 가장 근본적 의의인 '가능하면 변화하고 싶지 않다'는 기본 원리와 모순되는 것이다. 인류 조상이 물려진 규칙에 따라 변화에 저항하도록 설계되었지만, 실은 더 자유롭게 변화하고 싶다는 것이 뇌의 진심일지 모른다.

예술 작품을 보고 아무런 감흥을 느끼지 못한다면?

창작이란 자신과 마주하는 작업이다. 감상자는 그것이 구상화든 추상화든 작품을 통해 예술가의 뇌 속, 특히 세상을 어떻게 이해하고 있는지가 담긴 '지혜 주머니 기억'을 들여다볼 수 있다.

추상화나 현대 예술은 난해해서 예술가의 의도를 모르겠거나 애초에 무엇이 좋은지 이해할 수 없다고 말하는 사람도 있을 것이다.

머리가 좋다는 건 무슨 뜻일까?

실은 나도 그랬다. 그런데 구상화와 추상화를 감상할 때 사용하는 뇌의 부위가 다르다고 한다.

전자의 경우 사물을 볼 때 작용하는 뇌의 후두부에 존재하는 시각영역이 주로 활성화되는 반면, 후자의 경우는 시각영역뿐 아니라 전두엽과 정동에 관여하는 뇌 영역이 활성화한다. 이 뇌 영역들은 계획과 추론, 사고와 인지에 관여하는 부위로, 기억과 의식 모두 밀접하게 관련되어 있어 과거에 일어난 일을 돌아보거나 미래를 내다보는 데 관여한다. 즉 구상화를 감상할 때는 실제로 풍경이나 인물로 '보는 것'이지만, 추상화를 감상할 때는 작품을 통해 자기 내면을 들여다본다고 할 수 있다. 따라서 내가 추상화를 어렵게 느낀 것은 눈으로 보고 이해하려고 했기 때문일지도 모른다. 추상화를 감상할 때는 자기 안에서 일어나는 변화를 즐기면 된다는 것을 깨달은 뒤부터 예술을 즐기는 방법과 존재 의의가 좀 더 명확해졌다.

이 밖에도 예술을 즐기는 방법에는 여러 가지가 있다. 하나는 우연히 본 예술 작품이든 좋아하는 예술가의 작품이든 정확히 언어화할 수 없어도 왠지 사랑스럽다는 느낌이나 마음의 울림에 집중하는 정동적 방법이다. 반대로 작품이 주는 좋은 느낌을 가능한 한 언어화해 머리로 이해하면서 감상하는 방법도 있다. 창작자의 인생관이나 사생활, 작품이 만들어진 시대 배경과 그 당시 사회 정서까지 알고 나면 작품에 대한 생각이 또 달라진다. 물론 그러한 지식을 일부

6. 감수성과 창조성은 어디서 오는가?

러 머리에 넣기보다는 순수하게 즐기고 싶을 수도 있다. 요컨대 저마다 자유롭게 즐기면 된다는 말이다.

머리가 좋다는 건 무슨 뜻일까?

예술이 주는 '쾌락'이
뇌 지구력을 키운다

뉴로마케팅 neuromarketing 이라는 연구 분야가 있다. 마케팅은 상품을 더 잘 팔기 위한 전략과 효율적인 브랜딩 기법을 다루는 방법론이다. 뉴로마케팅은 여기서 한 발짝 더 나아가 뇌과학 관점에서 어떻게 하면 소비자의 뇌를 자극해 구매 행동으로 이어지게 할지를 제안하거나, 반대로 사람들은 구매를 비롯한 의사결정을 할 때 어떤 심리 상태와 뇌의 작용이 일어나는지를 연구하는 학문이다.

그동안 '물건은 팔아야만 가치가 있다'고 여겨 왔는데, 요즘 마케팅에서 고객은 단지 상품 자체를 갖고 싶어 하는 존재가 아니라 경험을 돈으로 사는 존재라고 여긴다. 무언가를 샀을 때 가져다줄 생활의 편리함과 기존 가치관의 변화를 기대한다는 것이다. 그 말을 듣고 보니 제법 그럴듯한 논리라 수긍이 간다.

우리는 크든 작든 '기대'를 하는데, 이 형태가 없는 마음의 작용을 관장하는 것도 뇌다. 앞서 설명한 도파민이 여기에도 관여한다. 즉 보상을 예측하고, 보상을 최대화하기 위해 행동하며, 오차가 있다면 수정하는 학습의 지표가 된다.

예상보다 더 많은 보상을 얻으면 행복감이나 고양감을 느끼며, 그것이 '또 갖고 싶다'라거나 '더 갖고 싶다'라는 마음을 유발한다. 그 마음이 지나치면 도박중독이나 쇼핑중독과 같은 행위중독behavioral addiction으로 이어진다. 아직 색다른 경험에 중독되는 증상은 들어본 적 없지만, 우리는 어떤 형태로든 색다른 경험을 갈망한다. 그래서 스마트폰 알림이 울리기라도 하면 '새로운 정보가 있을지도 모른다'는 생각에 참지 못하고 확인한다.

사람은 한번 끊긴 집중력을 회복하려면 23분이 걸린다. 스마트폰이나 컴퓨터에서 알림이 울리면 아무래도 확인하고 싶은 마음이 생기므로 그 순간 집중력이 끊긴다. 알림 하나가 울릴 때마다 23분을 허비한다고 해도 빈말이 아니다. 왠지 억울하지 않은가.

그래서인지 낮 동안 하지 못한 일을 밤에 처리하며 취침을 미루는 현상인 '보복성 취침 시간 지연revenge bedtime procrastination'이 유행하고 있다. 문제는 다음 날 작업 능률을 떨어뜨려 다시 밤에 깨어 있는 악순환이 이어지고 만성 피로를 유발한다는 것이다. 그래서 나는 최근에 최소한의 알림 이외에는 꺼두었다.

머리가 좋다는 건 무슨 뜻일까?

본론으로 다시 돌아가면 사람은 뇌 구조상 대부분 새로운 정보, 미지의 경험, 비일상성을 끊임없이 추구한다. 새로운 곳이 좋은 것도, 새로운 놀이기구가 있으면 타 보고 싶은 것도 이 때문이다. 우리는 일상에서 벗어난 공간, 색다른 시간을 보내는 방법, 그것을 일상과 분리하는 방법을 갈망하는 것이다.

예술, 감정의 롤러코스터

예술에도 이 같은 효과가 있다기보다는 인류에게 예술이란 본래 그러한 존재라고 짐작할 수 있다. 인생은 한번밖에 경험할 수 없지만 타인의 인생을 대리 체험함으로써 미지의 세계를 탐험할 수 있다. 이를 통해 '지혜 주머니 기억'을 업데이트할 수도 있다. 뇌는 이 '지혜 주머니 기억'에 지배되고 있다고 해도 과언이 아니다. 그리고 이 기억의 업데이트는 본질적으로 쾌락이자 행복이라고 할 수 있다.

예술을 감상하는 순간에는 감각차단에 가깝게 자기 내면에 집중한 상태가 된다. 감각차단은 외부 세계에서 들어오는 정보를 차단해 지각에 이를 수 없게 하는 방법이다. 자기 마음과 마주하는 시간은 뇌 속 '지혜 주머니 기억'을 관측하고 때에 따라서는 다시 만드는 계기로 이어질 수 있다. 어쩌면 꿈을 꾸는 상태에 가까울지도 모른다. 깨어 있는 동안에는 '지혜 주머니 기억'을 들여다보거나 의식할 여유가 거의 없다.

좌선 수행이나 마음챙김mindfulness 명상도 감각을 차단해 자기 내부 모델과 내수용성감각(내장이나 근육 등의 작용)을 관측할 수 있다는 점에서 예술 감상과 같은 효과를 보인다. 내수용성감각은 뇌와 연결되어 있고 그 일부는 뇌에 들어오면 도파민을 통해 보상계를 활성화한다. 명상이나 예술 감상이 습관이 되기도 하는 이유다.

예술 감상이 주는 쾌락은 꿈을 꾸는 듯한 편안함이나 '지혜 주머니 기억'을 좀 더 업데이트하고 싶은 고양감, 내수용성감각을 통한 보상계의 활성화, 새로운 것을 경험할 때의 스릴이나 그것을 뛰어넘어 일상으로 돌아가는 안도감 등 요동치는 감정의 롤러코스터라고 할 수 있다.

AI가 발달할수록 예술이 필요한 이유

과제를 찾아 가설을 세우고 해결 방법을 제안한다는 점에서 예술가는 연구자, 사업가와도 비슷하다. 평소에 '아름답다' '좋다' 혹은 '화가 난다' '억울하다'와 같은 기분을 어떻게 표현하고 전달하면 될지 몰라서 답답할 때가 있다. 그럴 때 예술가는 기분을 한 장의 그림이나 5분짜리 음악 등으로 표현한다. 감상자는 그 속에서 인생을 살아가는 데 필요한 깨달음을 얻거나 감동을 받는다.

언어화하거나 눈에 보이는 행동만이 유일한 과제 해결법이 아니라 자기 완결적으로 해결하는 방법도 있는 것이다. 예술은 그 방법을 알려준다. 그것도 단 하나의 정답에 빠르게 도달하기보다는 답이 없을지도 모르는 문제에 의문을 던지며 다가가는 방법이다.

최근 교육 분야에서도 예술의 중요성을 주목하기 시작했다. 지금까지는 과학기술 입국立國을 뒷받침하는 인재 교육을 위해 주로 이과 분야의 기술이나 지식 습득에 중점을 둔 STEM 교육(Science, Technology, Engineering, Mathematics: 과학, 기술, 공학, 수학)이 주류였다. 이에 더해 최근에는 STEAM(STEM+Art: 예술)과 STREAM(STEAM+R)으로 불리는 교육법이 중시되고 있다.

이 교육법은 예술이나 리더십, 의사소통 능력 등 사회정서적 역량의 발달에도 중점을 둔다. 사회정서적 역량 관점에서 말하자면, STEAM 교육이나 STREAM 교육은 학습자의 의사소통 능력, 공감 능력, 창의성 등 VUCA 시대에 필요한 역량을 키우는 데 중요한 역할을 한다. 학습자에게 지금까지 접하지 못한 분야와 문화를 경험할 수 있는 기회를 제공해 다양성을 이해하고 포용하는 관용의 자세를 키워줄 것으로 기대된다.

그렇다면 STREAM 교육에서 'R'은 무슨 의미일까? 독해력과 작문 능력을 뜻하는 Reading and Writing이 될 수도 있고, 프로그래밍이나 공학적 문제 해결 역량을 습득하는 로봇공학이나 자동제어 시스템 관련 기술을 가리키는 Robotics, 혹은 학습자가 자기의 지식 수준과 역량을 정기적으로 재검토하고 새로운 정보와 상황에 적응하는 '재평가'의 Revaluation일 수도 있다. 또한 현실 세계의 문제나 과제에 대처하는 능력을 습득한다는 의미에서 Reality를 가리킬 수도 있다. 하지만 나는 자기 내면과 마주한다는 뜻에서 내성, 성찰을 의미하는 Reflection을 선택하고 싶다. 나아가 Engineering(공학)과 Mathematics(수학)와 Ethics(윤리), Music(음악)도 포함될 수 있다고 생각한다.

예술은 단순한 취미나 즐거움의 범주를 넘어서 AI 시대를 살아가는 인류에게 없어서는 안 되는 존재다. 예술 감상을 통해 깊이 있는 자기 이해는 물론 감정 조절과 타인에 대한 공감 능력을 키울 수 있으니 말이다.

머리가 좋다는 건 무슨 뜻일까?

- 예술가는 '지혜 주머니 기억'을 외재화하는 능력이 뛰어날 뿐 아니라 끈기 있는 반복 연습을 통해 고도의 신체 인지가 가능하며 자기 몸을 생각대로 다룰 수 있다.

- 예술에 대한 이해는 각자의 경험에 바탕을 둔 '지혜 주머니 기억'과 뇌내 모델의 예측을 기반으로 하며, 이를 통해 우리는 예술 작품을 보았을 때 다양한 감정을 느낀다.

- 예술가는 과제 발견과 가설 설정, 해결법 제안이라는 면에서 연구나 사업의 프로세스와 비슷하다. 그들은 말로는 표현하기 어려운 감정을 예술 작품으로 드러내어 보는 사람에게 감동과 인생의 깨달음을 제공한다.

- 교육 분야에서 예술의 중요성이 강조되면서 STEAM 교육과 STREAM 교육이 중시되고 있다. 이러한 교육은 사회정서적 역량과 의사소통 능력, 공감 능력, 창의성 육성과 더불어 다양성 이해와 관용적 태도 향상을 목표로 한다.

7.

내 마음의 해상도를
높여야 한다!

: 공감하는 뇌

감정과 정동은
무엇이 다를까?

EQ emotional intelligence, 즉 감성지수는 20세기 후반부터 21세기 초반에 걸쳐 대니얼 골먼 Daniel Goleman이 제창한 개념이다. 현재 EQ는 마음의 지능지수, 감정의 지성 등으로 불리며 인간다운 지성으로 점점 더 주목을 모으고 있다. EQ는 자기 인식 능력이나 감정 조절, 사회정서적 역량 등과 관련이 있을 뿐 아니라, 이러한 요소가 개인의 성공이나 행복에 크게 기여한다고 알려졌다. 자기감정에 대한 해상도가 높고, 감정을 확실히 조절할 수 있고, 타인의 감정을 헤아리는 사람은 틀림없이 머리가 좋은 사람이다. 또한 의사소통과 리더십에는 끈기 있는 도전이 빠질 수 없다. 이번 장에서는 이러한 사회정서적 역량을 뇌 지구력 관점에서 살펴보자.

마음은 뇌 활동의 부산물

마음이나 영혼이라고 하면 '나'라는 실체에서 살짝 벗어난 불분명하고 막연한 것이라는 인식이 있다. 지금은 대부분 마음의 실체를 뇌로 인식하지만, 불과 얼마 전까지만 해도 뇌는 혈액을 식히는 장치고, 마음은 말 그대로 심장이나 하복부, 심지어 자궁 등에 존재한다고 여겼다.

"오장육부에 사무친다"라거나 "속이 부글부글 끓는다"와 같은 표현이 존재하는 것처럼 희로애락을 내장에서 느낀다는 발상은 그리스어나 히브리어와 같은 고대 언어로도 기록이 남아 있다.

심장이 두근거린다거나 하복부 부근이 찌릿찌릿한 내수용성감각은 뇌에 끊임없이 전달되어 '기분'에 영향을 준다. 최근에는 장 같은 내장과 뇌 사이에 지금까지 상상한 것보다 더 빠른 신경전달이 존재해 내장감각이나 내수용성감각이 마음의 작용에 영향을 준다는 사실이 잇따라 밝혀졌다.

예술 감상이나 마음챙김 명상을 통해 감각을 차단하고 자기 내면의 소리를 듣는 것, 즉 자신의 내장감각을 민감하게 느끼고 기분 변화에 대한 해상도를 높이는 것도 감정 지성에 중요한 요소라고 할 수 있다.

마음은 뇌라는 장기가 다양한 스트레스에 대응해 항상성을 유지하는 과정에서 생기는, 이른바 부산물이다. 우리는 마음에 휘둘리기 쉽지만, 이는 상황에 따라 '지혜 주머니 기억'이 적절히 반응을 나타내는 것에 불과하다. 어느 누구도 영향을 줄 수 없다는 것이다. 다시 말하면 자기에게 상처를 줄 수 있는 것도 기쁘게 할 수 있는 것도 나 자신뿐이다. 그렇다면 애초에 마음은 존재하지 않는 걸까?

감정은 오직 인간만 있을까?

마음을 정의하기란 쉽지 않지만, 일반적으로는 희로애락과 같은 감정을 의미한다고 할 수 있다. 생물학에서는 emotion을 '정동'이라고 일컫는데, 스트레스에 대응해 나타나는 생리학적인 반응으로서 곤충부터 인간까지 공통된 현상이다.

예컨대 우리는 곰 같이 사나운 동물이 눈앞에 보이면 심박수가 상승하고 털이 곤두서고 근육이 수축하는 등 자율신경반사가 나타난다. 이러한 교감신경계의 작용을 '투쟁—도피 반응'이라고 한다. 이와 같은 내수용성감각을 해석해 우리는 불쾌감 혹은 기피감 등을 지각하고, 이를 뇌에서 언어화해 고양감이나 공포 등이라고 느끼는 것이다.

우리 의식은 모든 일을 상황에 맞추어 해석하려는 기이한 버릇

7. 내 마음의 해상도를 높여야 한다!

이 있어서 처음부터 알고 있었다는 듯한 표정을 짓지만, 실은 곰이라고 인식하기 전부터 몸이 먼저 반응하기 시작한다. 몸의 변화를 해석하고 언어화하는 프로세스에 시간이 걸리는 것이다.

그런데 emotion을 '감정'이라고 번역하는 바람에 혼동을 유발하는 책들이 종종 있다. "곤충에도 감정이 있다"라고 번역하면 독자는 '곤충도 감정이 있구나'라고 받아들인다. 지금으로서는 '감정이란 정동을 언어화한 것'이라는 설명이 가장 적절해 보인다. 이는 인간이 이해할 수 있는 언어여야 한다는 것인데, 만일 자신의 정동을 언어화할 수 있는 동물이 있다면 감정이 있다고 봐도 무방하다. 그러나 이를 증명할 방법이 없으므로 현재로서는 감정은 오직 인간만지닌 것이라고 해두자.

언어를 갖고 있지 않은 반려동물에게도 감정이 있다고 생각하는 것은 인간이 '모든 것에 마음을 느끼는' 성질을 가졌기 때문일 것이다. 이 부분은 뒤에서 다시 다루려고 한다.

머리가 좋다는 건 무슨 뜻일까?

감정이 행동 사이,
뇌가 하는 일

'슬퍼서 우는 건지, 울어서 슬퍼지는 건지'에 대한 오래된 논쟁이 있
다. 지금까지도 결론은 나지 않았다.

우리의 의사결정은 행동 개시보다 지연되어 행동이 일어난 뒤에
이루어진다는 충격적인 가능성도 제기되었다. 이 주장은 1983년에
미국의 신경과학자 벤저민 리벳 Benjamin Libet 이 발표한 유명한 실험을
바탕으로 한 것이다.

리벳은 스톱워치와 같은 장치를 피험자 앞에 두고 버튼을 눌러
바늘을 멈추고 싶은 시점에 손목을 움직이도록 지시했다. 그리고
피험자 운동영역의 뇌파를 기록했다. 버튼을 누르려는 생각과 실제
로 동작이 시작되기까지 사이에 지연이 일어난다는 점은 쉽게 이해
할 수 있다. 그런데 놀라운 점은 피험자가 버튼을 누르려고 의식하

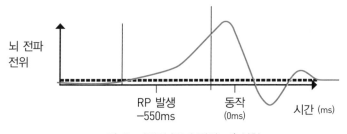

그림 ⑩ 리벳의 '준비 전위(RP)' 실험

는 0.35초 전에 이미 운동영역에서 뇌파 반응이 시작되었다는 것이다(그림 ⑩).

이 실험은 의사결정을 '깨닫는' 0.35초 전에 발생하는 뇌의 전기적 활동을 '준비 전위'라고 명명했고, 인간에게 자유의지가 정말로 존재하는지에 대한 철학적 논쟁을 불러일으켰다. 여기서는 자유의지에 관한 논제는 논외로 하고, 행동하려는 뇌의 반응이 있고 우리가 그것을 깨닫는 시점은 조금 늦다는 점을 기억해 두자. 그럼에도 우리는 자신의 의식적 깨달음이 선행된 뒤 선택하고 행동했다고 반대로 인식한다.

머리가 좋다는 건 무슨 뜻일까?

운다고 반드시 슬픈 건 아니다

슬퍼지려고 울 필요는 없지만 울면 슬픔이 증폭된다고 말하는 사람도 있다. 울고 있다는 사실을 깨닫고 그것을 분석했더니 슬픔이라는 감정으로 해석되기 때문이라는 의미일 것이다. 이처럼 우리는 상황과 문맥에 따라 적절한 감정을 선택하고 표출한다.

따라서 개개의 감정 발로를 관찰할 수 있다 해도 그 사람이 어떤 감정으로 해석했는지는 주관적인 것이어서 다른 사람은 알 수 없다. 때로는 스스로도 알 수 없을 때가 있다. 예를 들어 운다거나 눈물을 흘린다고 해서 반드시 슬픈 것은 아니다. 반대로 슬픔을 드러내는 방법으로 눈물을 흘리는 것만 있는 것은 아니다. 그 표출 방법은 천차만별이다.

이처럼 정동마저도 개념화해 '지혜 주머니 기억'으로 준비해 두었다가 실측과 대조해 가장 적절한 표출 방법을 선택한다고도 할 수 있다. 미국의 심리학자 리사 펠드먼 배럿Lisa Feldman Barrett은 정동에는 본질이 존재하지 않는다고 보고 '구성주의적 정동 이론theory of constructed emotion'을 주장했다. 또 뇌의 반응을 표정 등으로 가늠해 정동을 추측할 수 있다는 개념을 '고전적 정동 이론Classical view of emotions'이라고 한다.

예를 들어 사람은 치와와부터 골든레트리버까지 다 같은 개로 분류해 인식한다. 머릿속에 떠올리는 개의 모습은 사람마다 다르지만, 새로운 품종의 개를 보더라도 정확히 개로 분류할 수 있는 것이다. 이와 같이 발달하는 인지를 '스키마schema의 동화'라고 한다.

마찬가지로 우리는 인생에서 다양한 감정의 표출 방법을 배우며 상황에 따라 "화가 난다" "짜증이 난다" "속이 끓는다"고 말하는 것이 적절하다는 식으로 개념을 체화해 나간다. 다음으로 스트레스 반응이 일어나면 그것을 형성해 온 정동 개념을 바탕으로 문맥을 파악해 적절한 정동을 재생성해 표출한다. 꽤 복잡한 과정이다.

마침 실측값이 있더라도 "이러이러한 데이터를 얻었는데 여기에 가장 알맞은 정동은 무엇일까"라고 '지혜 주머니 기억'에 질문을 던지고, 경험과 문맥에 따라 제안된 정동을 표출하는 것이다. '지혜 주머니 기억'은 시리Siri나 도서관 사서와 같은 역할을 한다. 따라서 제대로 된 경험이 쌓이지 않으면 적절한 정동을 드러낼 수 없을 뿐 아니라 '지혜 주머니 기억'이 틀린 제안을 하기도 한다.

착각에 빠진 뇌, 흔들다리 효과

이 현상을 단적으로 나타내는 예가 '현수교 효과(흔들다리 효과)'다. 일반적으로 현수교를 건너는 일은 공포의 대명사로, '투쟁─도피 반응'이 마구 발동한다. 그런데 현수교를 건넌 끝에 사람이 서 있다면 심박수 증가나 땀 분비 같은 교감신경의 변화를 연애 감정으로 혼동할 수 있다는 것이다.

실제로 일면식도 없는 남녀를 임의로 짝지어 데이트하게 한 뒤 어느 커플이 이후 관계가 발전되는지를 예측하는 실험이 이루어졌다. 커플들 행동을 실시간으로 관찰하고 동시에 심박수와 손에 땀이 나는 정도 등도 계측했다. 과연 어떤 커플의 관계가 발전했을까?

보통 공통된 취미를 발견해 이야기꽃을 피웠다든가 아이콘택트 빈도가 높았던 커플을 예상하겠지만, 실제로는 심박수 증가나 땀 분비와 같이 교감신경의 변화가 동기화된 상태, 즉 두근거리는 경험을 함께한 커플일수록 관계가 발전하는 경향이 나타났다.

연애뿐만 아니라 함께 롤러코스터를 타거나 유령의 집에서 같은 정동 체험을 공유한 뒤 친밀감이 쌓이는 것은 이러한 메커니즘일 수 있다. 혹은 자연재해를 입은 뒤에 서로 돕는 과정에서 유대감이 형성되는 것도 마찬가지다.

따라서 정동을 어떤 감정으로 해석했는지는 저마다 다르므로 쉽사리 이해할 수 없지만, 결과적으로 교감신경의 변화 차원에서 동기화되었다는 점은 분명하다. 옥에 티라면 자율신경은 스스로 조절할 수 없다는 점이다.

인간관계가 어렵다면
뇌를 의심하라

타인의 기분은 표정과 말, 행동같은 지표를 토대로 짐작할 수밖에 없다. 그런데 이와 함께 '드러낼 것인지 말 것인지'와 관련된 뇌 제3필터의 특성을 고려하면 드러냈다고 해서 마음속으로 그렇게 느낀다고 단정할 수 없을뿐더러 드러내지 않았다고 해서 그렇게 느끼지 않는다고도 단정할 수 없다.

결국 뇌는 세 가지 필터가 작동해 같은 것을 보고 듣고도 저마다다르게 생각하므로 우리는 서로를 완전히 이해하기 어렵다. 첫 번째 필터는 감각 게이트 메커니즘이다. 두 번째 필터는 경험과 기억으로 예측을 구성한다. 그리고 세 번째 필터는 드러낼지 말지를 정한다. 같은 것을 보고 듣고도 필터의 작용에 따라 반응이 달라지는것이다. 따라서 서로를 이해하기보다는 모두가 다름을 인정하는 편

머리가 좋다는 건 무슨 뜻일까?

이 중요하다.

본질적으로 서로를 이해할 수 없는데도 사회를 형성하고 살아가는 것은 사회적 합의가 마련되어 있기 때문이다. 나의 고향에는 오누마大沼(일본어로 '누마沼'는 '늪'이라는 뜻이다.—옮긴이)라는 이름의 호수가 있다. 그 호수를 늪으로 볼지 호수로 볼지는 사람마다 다르지만, 사회적 합의를 거쳐 호수라고 정했기 때문에 무익한 논쟁을 피할 수 있다. 이처럼 사회적 규칙이 경험치가 되어 '지혜 주머니 기억'이 되고 세계적 표준을 만들어 나가는 것이다.

마찬가지로 우리는 상대도 같은 마음일 것이라는 전제로 의사소통을 해나가는데, 이 역시 사회적 합의와 같은 것이어서 그렇게 하는 편이 원활하리라 생각하고 진척시킨다. 더욱이 우리 뇌는 모든 것에 마음을 느끼는 특이한 성질이 있다. '마음이론'으로 알려진 이러한 작용 때문에 우리는 컴퓨터 화면 위에 점멸하는 두 개의 상호작용하는 점에서마저 의도나 의지와 같은 마음을 느낀다.

사회적 합의를 토대로 마음을 예측하더라도 그 해석은 각자 다르므로 결국 서로 이해하는 일은 어려울 수밖에 없다. 따라서 끈기 있는 의사소통이 필요하다. 요즘 들어 심리적 안정감이나 어서티브 커뮤니케이션assertive communication(자기 생각이나 감정을 솔직하게 표현하면서도 상대방을 존중하는 말하기 방식을 가리킨다.—옮긴이), One-on-One Meeting(리더와 구성원이 정보와 피드백을 공유하고 신뢰를 형성하는 소통 방식

7. 내 마음의 해상도를 높여야 한다!

을 가리킨다.—옮긴이) 같은 소통 방식에 관심이 높아지고 있는 것은 그만큼 문제의식을 느끼는 사람이 많다는 증거다. 원활한 소통을 했다고 생각했는데 일방통행에 불과했던 경험이 늘게 된 것이다.

대학 시절 국제학회에서 포스터 발표를 하고 나서 듣기는 서툴지만 말하기는 상당히 능숙했다고 자화자찬한 적이 있다. 심지어 당시에는 발표를 잘했다고까지 생각했다. 그런데 지금 돌이켜 보면 일방적으로 떠들기만 했을 뿐 상대의 이해도나 의문점 등은 전혀 개의치 않은 발표였다. 지난날의 자만은 미숙함의 증거라지만, 지금도 일방적으로 떠들기만 하면서 원활한 소통을 하고 있다고 나 자신을 설득하고 있는 건 아닌지 불안할 때가 있다.

연애할 때도 모든 게 순조롭다고 생각했는데, 어느 날 갑자기 상대가 불만을 토로하며 이별을 고한 적이 있다. 그동안 상대는 참으면서 나에게 맞춰줬다는 것이다. 정반대의 경험도 있었다. 이번에는 무리하게 상대방을 맞춰주는 상황이 계속되면서 내가 먼저 지쳤던 것이다.

젊은 혈기의 소치였지만, 정반대의 경험을 통해 인간관계가 꼬이는 것은 무엇보다 의사소통 부족이 원인임을 깨달았다. 이후로는 '누군가와의 관계가 지금 순조롭다'라고 느낄 때일수록 배려심이 부족한 말이나 행동을 하고 있지는 않은지 신중하게 돌아보게 되었다. 어쩌면 인간관계는 '순조롭지 않을 수도 있겠다'라고 생각하는

머리가 좋다는 건 무슨 뜻일까?

것이 건전한 관계를 유지하는 길일 수도 있다. 그만큼 타인과 관계를 맺는 일은 끈기 있는 의사소통이 필요하다.

나 자신을 돌보는 일부터 시작할 것

마음의 모델 사례는 자기 자신밖에 없다. 따라서 타인의 기분을 이해하고 싶다면 먼저 자기 마음의 해상도를 올려야 한다.

리사 펠드먼 배럿의 연구에 따르면 사람은 때때로 자신이 불안한지 우울한지를 명확히 구별할 수 없다고 한다. '불안과 우울은 같은 것 아닌가?!'라고 생각했다면, 정상이다. 그러나 자기 마음의 해상도가 낮은 사람일수록 우울증과 같은 정신질환에 걸리기 쉽다는 결과도 있다.

갓난아기는 공복 상태의 불쾌감과 기저귀가 더러워졌을 때의 불쾌감을 구별하지 못해서 그저 울기만 한다. 자기 기분을 언어화할 수 있게 된 뒤에도 짜증을 부리고 악을 쓰는 것은 적합한 언어화를 할 수 없음에 대한 속상함의 표현이라고 한다. 그러니 부모는 "지금 네가 속상한 것은 이런 기분이기 때문일 거야"라고 끈기 있게 알아차리도록 도울 수밖에 없다. 심리 카운슬러인 지인이 말하길 자신이 하는 일은 클라이언트의 기분을 교통정리하는 것뿐이라고 한다.

우리는 성인이 되어도 자기 기분을 제대로 언어화하지 못해 때로는 혼란 상태에 빠지는 것이다.

대학 시절 연구 과제를 풀다 난관에 부딪히면 반드시 찾아가는 선배가 있었는데, 아마 본인은 잘 기억하지 못할 것이다. 지금 상황을 어떻게 언어화해서 설명할지를 생각하며 선배가 있는 곳에 가는 동안 무엇을 놓치고 있었는지 깨달아 스스로 문제를 해결한 적이 많았기 때문이다. 그럼에도 나는 내 맘대로 선배를 많은 문제를 해결해 준 신처럼 여겼다.

베테랑일수록 자기를 가장 잘 안다

자기 몸은 평생 함께하는 최상의 연구 대상이다. 그러니 먼저 자신에게 관심을 갖자.

수많은 프로 운동선수를 지도해 온 한 트레이너는 "베테랑 선수일수록 자기 신체의 해상도가 높다"라고 말한 바 있다. 오늘은 어느 쪽의 상태가 좋고 어느 관절이 어떻게 아픈지 등을 언어화할 수 있는 것이다. 그에 반해 경험이 적은 선수는 "왠지 모르게"라거나 "그냥 전체적으로"와 같은 해상도가 낮은 단어를 사용한다고 한다.

또 경력이 오래된 한 학원강사가 희망하는 학교에 합격한 학생들은 모의시험에서 자신이 '풀지 못한 문제'를 자세히 기억하고 어렵다고 말하며 끈기 있게 고민한다고 말했다. 그런데 성적이 좋지 않은 학생일수록 '푼 문제'를 자랑한다는 것이다.

앞서 자기 몸에 일어난 변화를 깨닫지 못하는 것은 정지화면처럼 생각하기 때문이고, 동영상처럼 파악하려면 루틴이 필요하다고 설명했다. 마음이 불편한 상태도 마찬가지라서 괜스레 짜증이 나고 화가 났는데 알고 보니 감기에 걸렸다든지 몸이 아파서 그랬던 경우가 종종 있을 것이다. 수면 부족이나 영양부족으로 몸의 균형이 깨지면 마음 상태도 무너진다. 그 이유를 깨닫지 못하고 엉뚱한 데 화풀이를 하거나 침울해하기도 한다.

프로 운동선수가 체중 증감을 민감하게 느끼는 것처럼, 스스로 바이오리듬을 파악할 수 있다면 자기 상태를 주위에 미리 말해서 양해를 구할 수도 있다. 이것도 원활한 의사소통의 한 방식이 될 수 있다. 몸과 마찬가지로 마음 상태를 파악하는 자신만의 기준을 설정해 두는 것도 좋다.

나도 모르는 감정을
뇌는 알고 있다

EQ가 높다는 것은 주위 사람들의 기분을 잘 헤아려 능숙하게 다룰 수 있는 사람이라고 해석할 수 있다. 이와 더불어 자기 마음에 대한 이해도를 높이는 것도 중요하다. 자기 기분을 적절히 조절하려면 먼저 자기감정 상태를 알아야 한다.

본래 감정은 끓어오르는 정동에 대한 언어화이므로 단어를 모르면 자기감정을 적절히 분석할 수 없다. 따라서 정동에 대한 어휘를 늘리는 것이 중요하다. '기쁘다'뿐만 아니라 '낯간지럽다'와 같이 자기감정의 미묘한 차이를 표현하기에 적합한 말을 찾아 정동 해석의 해상도, 즉 '정동 지성'을 높이는 것이 바람직하다.

독서를 즐기는 아이가 정동 지성이 높아지는 것은 책에서 타인의 인생을 체험할 수 있기 때문이다. 이를 '대리 체험'이라고 한다. 그래

머리가 좋다는 건 무슨 뜻일까?

서 가능하면 다양한 시행착오를 경험하는 것이 중요하다. 인생은 한 번뿐이다. 소설이나 영화가 재미있는 것은 자신이 경험할 수도 없는 다른 인생을 대리 체험할 수 있기 때문이다. 작품의 주인공이나 등장인물에게 감정을 이입하면서 정동의 해상도를 높일 수도 있다.

우리 뇌에는 타인의 움직임을 보고 있을 때 작용하는 뇌세포가 존재한다. 바로 '거울뉴런mirror neuron'이다. 이 사실은 한 실험에서 원숭이의 뇌 활동을 측정하던 중 휴식 시간에 아이스크림을 먹는 연구원의 모습을 본 원숭이의 뇌가 급격히 활성화된 것을 보고 우연히 발견했다. 최근 연구에서는 타인의 행동을 보고 마치 자기 일처럼 느끼는 것은 뇌의 여러 부위가 동시에 활성화한다는 사실 때문이라는 걸 알게 되었고, 이를 '거울 시스템'이라고 한다.

이 시스템은 공감하는 뇌의 메커니즘으로 설명된다. 예컨대 텔레비전 화면 속 누군가가 아파하는 모습을 보면 자신도 아픈 느낌이 든다. 실제로 뇌의 활동을 측정해 보았더니 특히 친한 사람이 아파하는 것을 보면 피부감각을 관장하는 뇌 부위가 활성화되지 않음에도 불구하고 정동을 처리하는 뇌 부위는 활성화되었다는 연구 결과가 보고된 적 있다. '타산지석'이라는 말이 있듯이 타인의 정동을 관찰해 얼마나 자기 것으로 만들 수 있는지가 자기의 정동 해상도를 높이는 비결이 될 것이다.

마음의 해상도를 높이는 방법

의사결정도 정동의 역할이다. 중요한 상황에서 중대한 결단을 내릴 수 있는 것은 두뇌가 명석한 이성적인 행동이라고 생각할 수도 있지만, 실은 이성은 선택지를 늘리기만 할 뿐 마지막에 결단을 내리는 것은 정동이다.

이러한 과학적 주장은 복잡한 판결을 하는 모의재판 실험에서 숙련된 재판관과 비전문가인 배심원의 뇌 활동을 측정하면서 확인되었다. 숙련된 재판관은 알고 있는 다양한 판례와 대조하며 적절한 양형을 판단할 수 있다고 생각하기 쉽지만, 실은 최종 결정을 내릴 때는 정동을 관장하는 뇌 부위가 작동했고, 이는 비전문가인 배심원과 흡사했다.

또한 뇌질환으로 정동을 관장하는 부위 일부에 장애를 입은 사람이 혼자서는 아무것도 결정할 수 없게 된 사례가 있다. 선택지는 늘릴 수 있지만 최종 결정은 불가능한 것이다.

이 밖에도 유명한 '트롤리 딜레마trolley problem'는 한 명을 희생시켜 다섯 명을 구하는 결단을 내릴 수 있는지에 대한 윤리적 시비를 다루는 실험으로, 자율주행 도입과 관련한 논의를 할 때도 자주 거론된다. 자율주행 시스템은 지극히 논리적이고 이성적으로 다섯 명의 목숨을 구하기 위해서라면 한 명의 목숨이 희생을 감수해야 한다고 판단한다. 직접 행동하지 않아도 된다면 인간도 같은 판단을 내릴 것이다. 그러나 직접 행동해야 하는, 정동이 흔들릴 수 있는 상황에서는 판단이 더뎌진다.

우리가 감각기관으로부터 얻는 정보는 뇌의 제1필터를 거쳐 취사선택된 뒤 대뇌피질로 운반되어 지각된다. 그리고 그 정보는 좌뇌 언어 영역에서 해석되어 언어화되는 경우와 언어화되지 않은 채 지각되는 경우로 나뉜다. 어느 날 동료의 분위기가 달라진 것 같다거나, 그냥 싫다거나 생리적으로 받아들이기 힘들다는 감각을 느끼기도 하는데, 의외로 그 직감이 정확할 때가 있다. 정보를 적절히 언어화할 수 없으면 예감이나 육감처럼 막연하게 이해할 수밖에 없지만, 자기 정동의 해상도가 높은 사람은 의사결정의 판단 재료로 활용할 수도 있다.

이번 장에서는 자기 마음에 대한 해상도를 높이는 정동 지성에 대해 살펴보았다. 정동 지성은 누구에게나 필요하지만, 특히 조직의 리더에게 더 필요하다. 예를 들면 타인과 끈기 있게 의사소통을 해야 할 때, 어려운 상황에서 결단을 내려야 할 때, 혹은 무리하게 문제를 해결하기보다는 계속해서 난관에 맞서 나가야 할 때 등이 그렇다. 타인의 기분을 이해하고 원활하게 조직을 운영하려면 먼저 인간은 본질적으로 서로 이해할 수 없는 존재임을 받아들이고 감수성이나 반응 표출의 다양성을 인정해야 한다. 또 다양한 대리 체험을 통해 자신만의 정동 어휘를 늘리고 '지혜 주머니 기억'을 나날이 업데이트해 나가는 유연성이 필요하다.

머리가 좋다는 건 무슨 뜻일까?

- 마음의 실체를 뇌로 인식하기 시작했다. 마음은 뇌의 작용으로 생긴 부산물이고, 감정은 정동을 언어화한 것에 불과하다. 감정을 지닌 것은 인간뿐이다.

- '슬퍼서 우는 건지, 울어서 슬퍼지는 건지'에 대한 논쟁은 아직 결론이 나지 않았지만, 리벳의 실험을 통해 의사결정에는 실제 행동 개시보다 지연이 일어날 가능성이 제기되었다.

- 타인의 마음을 이해하려면 먼저 자기감정에 대한 깊은 이해가 필요하다. 자기의 감정을 적절하게 언어화할 수 있으면 타인의 감정을 헤아리는 능력도 향상된다.

- 의사결정은 정동을 통해 이루어지고 이성은 선택지를 늘리는 역할에 불과하다. 복잡한 판단을 내릴 때는 정동을 관장하는 뇌 부위가 활성화하고 최종 결단을 내릴 때는 감정이 관여한다. 직감이나 예감과 같은 막연한 감각도 정동 지성의 일종이며 이를 의사결정의 판단 재료로 활용하는 사람도 있다.

- 리더는 타인과 의사소통하거나 난관을 극복하기 위해 적절한 판단을 내리고 다양한 감수성을 이해하는 정동 지성을 갖추어야 한다.

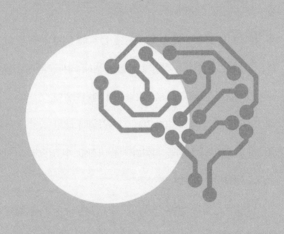

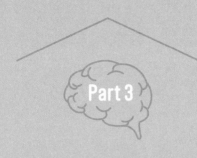

Part 3

AI 시대에
꼭 필요한
뇌 지구력

8.

AI에는 없고
인류의 뇌에만 있는 것

: 뒷정리 잘하는 뇌

뇌 속 숨은 일등 공신,
글리아세포

지금까지 '머리가 좋다'는 것의 의미를 다양한 관점에서 살펴보았다. 물론 IQ도 하나의 지능 지표가 될 수 있고, 질문하면 뭐든지 대답하는 '걸어 다니는 백과사전'도 머리가 좋다는 것을 의미한다. 이책에서는 수치로는 측정할 수 없는 비인지 능력도 주목했다. 바로실패해도 좌절하지 않고 끝까지 해내는 힘, 원활한 의사소통, 이성적 판단과 같은 수치화할 수 없는 능력으로, 답이나 결승점이 명확하지 않아도 계속해서 추진해 나가는 자세가 필요하다고 강조했다. 그러려면 뇌를 늘 움직이게 하면서도 뇌에 만성적인 피로가 쌓이지 않도록 건강하게 유지하는 것이 중요하다.

나는 그것을 '뇌 지구력'이라고 이름 붙였다. 최신 연구에서 이'뇌 지구력'을 지탱하는 메커니즘에 뇌세포의 일종인 별아교세포가 관여하고 있을 가능성이 밝혀졌다. 이번 장에서는 '뇌 지구력'을 실현하는 뇌 안의 숨은 공로자 별아교세포의 역할을 중심으로 살펴보겠다.

천재들의 영감을 자극한 미지의 세포

뇌는 뉴런(신경세포)이 만드는 정교한 신경 회로와 그 유연한 변화(가소성)가 중심적 역할을 한다. 여기 존재는 알려졌지만 긴 시간 동안 그 역할이 간과되어 온 뇌세포들이 있다. 이들을 총칭해 '신경아교세포(글리아세포glia cell)'라고 부른다. 글리아glia란 아교라는 의미로, 벽돌이나 타일 사이사이의 줄눈을 채우는 퍼티를 떠올리면 이해하기 쉽다.

뉴런이 네트워크를 만들어 신속하게 정보를 전달하는 데 반해 글리아세포는 특별히 눈에 띄는 네트워크를 만들지 않기에 정보 전달에는 관여하지 않고 단순히 뉴런의 빈틈을 메워 구조를 지탱하는 지지세포에 불과하다고 여겨졌다. 훗날 세포의 전기적 활동을 측정할 수 있게 된 뒤에도 글리아세포는 측정하기가 어려웠고, 뉴런만큼 눈에 띄는 변화를 나타내지 않으므로 아무 작용도 하지 않는다고 생각해 왔다.

머리가 좋다는 건 무슨 뜻일까?

세월이 흘러 현미경 측정 기술이 더욱더 향상되면서 글리아세포가 중요한 역할을 한다는 사실이 조금씩 드러났다. 최근 연구에서는 건강한 뇌 기능의 유지는 물론 뇌의 정보 처리에도 중요한 작용을 한다는 사실이 밝혀졌다. 작디작은 세계를 관찰하는 도구인 현미경은 17세기 후반에 기술이 향상되었다. 새로운 '장난감'을 손에 넣은 인류는 1800년대에 모든 생물의 기초 단위는 세포일 가능성이 있다는 사실을 발견했다. 이 이론은 '세포설cell theory'로 발전해 현대까지 널리 통용되고 있다. 그런데 세포는 무색투명해서 현미경으로도 관찰이 어려웠다.

이에 이탈리아의 과학자 카밀로 골지Camillo Golgi와 그의 제자인 에스파냐 출신의 산티아고 라몬 이 카할Santiago Ramón y Cajal은 질산은으로 신경세포를 무작위로 염색하는 '골지 염색법'을 개발해 뇌세포의 형태를 상세히 기록했다. 이 방법은 사진을 현상하는 것과 거의 비슷한 기술로, 지금도 재현할 수 있다. 이 방법이 대단한 이유는 빽빽이 늘어선 뇌세포를 선명하게 무작위로 염색할 수 있다는 점도 그렇지만, 지금도 그 메커니즘이 명확히 밝혀지지 않아 수수께끼를 던진다는 점이다. 어쨌든 두 사람은 신경계 구조를 밝힌 공로를 인정받아 1906년에 노벨생리·의학상을 수상했다.

여담이지만 골지는 뉴런이 네트워크를 형성한다는 것을 발견했는데, 이들이 분리할 수 없는 그물처럼 연결되어 하나의 거대한 네

8. AI에는 없고 인류의 뇌에만 있는 것

트워크를 이룬다고 주장했다. 반면에 카할은 뉴런 하나하나는 별개인데, 서로 신호를 전달해 연결 효과를 보인다고 주장했다. 스승과 제자가 정면으로 맞서는 주장을 펼치면서 아니나 다를까 두 사람의 사이가 틀어졌고, 함께 받은 노벨상 기념 강연에서도 서로의 이론을 비난했다.

한 가지 일화를 덧붙이자면, 카할의 제자인 리오 오르테가RíoHortega가 훗날 미세아교세포microglia로 불리는 수수께끼와 같은 세포를 발견하자 그런 건 존재할 리가 없다고 격노한 카할이 오르테가를 파문했다는 이야기도 전해진다. 카할이 신경과학 발전에 지대한 공헌을 한 점은 분명하지만, 열정이 넘치다 못해 너무 뜨거운 사람은 아니었나 싶다.

다시 본론으로 돌아가면, 뉴런 구조의 특징은 다음과 같다. 세포의 본체인 세포체에서 무수한 돌기가 뻗어 나오는데, 다른 세포로부터 신호를 받아들이는 가지돌기가 안테나 임무를 수행하고 한층 더 기다란 돌기(일반적으로 세포당 하나)가 다른 세포로 신호를 전달하는 역할을 한다. 다른 체세포와 마찬가지로 세포체에는 유전정보를 포함하는 구조인 핵 이외에도 단백질을 만들기 위한 골지체와 에너지를 생산하는 미토콘드리아 같은 세포소기관이 있다.

뉴런에도 다양한 형태가 있어서 전문가는 각각이 어느 뇌 부위에 위치하고, 어떤 세포인지를 알 수 있다(그림 ⑪). 나뭇가지나 수초

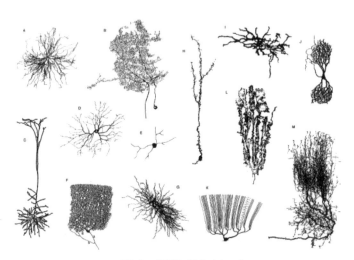

그림 ⑪ 다양한 형태의 뉴런[*]

처럼 생긴 복잡한 구조는 모두 가지돌기다. 이러한 형태를 지닌 데에는 의미가 분명 있겠지만, 어떤 형태로 되어 있든 뉴런의 역할은 정보를 받아들이고 통합해 다음 뉴런에 전달하는, 아주 단순한 것이다.

뇌와 관련해 누구나 한번은 들어봤을 법한 아인슈타인의 유명한 일화가 있다. 20세기 최대의 지성이라 손꼽히는 아인슈타인이 사망하자 천재성의 수수께끼를 풀고자 과학자들이 그의 뇌를 은밀히 적

---

* "Dendrites", Oxford University Press, 2015; 에서 Mel, B.W. Neural Computation, 1994. 일부 수정

8. AI에는 없고 인류의 뇌에만 있는 것

출해 240개로 쪼갠 뒤 분석했다. 모두 기를 쓰고 특별한 점을 찾아내려 애썼지만, 뉴런의 큰 차이나 두드러진 변화는 찾아내지 못했다고 한다.

하지만 글리아세포에 주목한 연구팀이 대뇌피질의 특정 부분에서 일반인과 비교해 글리아세포 수가 두 배인 영역이 존재한다는 사실을 찾아냈다. 뇌 전체에서 발견되지 않았다는 점이 흥미로운데, 이 부분이 영감에 관여하는 영역이었다는 과장된 이야기가 전해지기도 한다. 어찌 됐든 아인슈타인의 뇌는 이 세상에 하나뿐이어서 일종의 도시 전설이나 다름없는 내용으로 과학적 결론을 내리기는 어렵지만, 그의 영향력을 엿볼 수 있는 이야기임은 분명하다.

뉴런을 지키는 글리아세포 삼총사

글리아세포에도 몇 가지 종류가 있는데, 여기서는 대표적인 세 가지 글리아세포를 소개하려 한다. 먼저 미세아교세포라고 불리는 글리아세포는 뇌 속을 종횡무진 누비며 이물질이나 불필요한 물질을 제거한다. 백혈구나 림프구 등이 체내의 면역을 담당한다면 뇌는 독자적인 면역 시스템을 발달시킨 셈으로, 미세아교세포가 뇌의 면역을 담당한다고 할 수 있다.

뇌는 많은 시냅스 연결을 만들어 취사선택하고 최적화해 나가는 '시냅스 가지치기' 공정을 거쳐 정형적으로 발달하는데, 여기서도 미세아교세포가 중요한 작용을 한다는 연구 결과가 있다. 어떠한 이유로 시냅스 가지치기가 제대로 이루어지지 않아 신경 회로가 효율적으로 최적화되지 않으면, 신경 발달 장애의 일종인 자폐 스펙트럼의 원인이 된다는 견해도 있다.

미세아교세포는 돌기를 뻗어 뇌내 환경에 달라진 점이 없는지를 항상 순찰하고 불필요한 물질 등을 발견하면 세포 내부로 가져와 제거한다. 이와 같은 작용이 마치 쓰레기를 먹는 것처럼 보인다고 해서 '탐식貪食'이라고도 부른다.

다음으로 희소돌기아교세포oligodendrocyte 라고 불리는 글리아세포는 돌기를 뻗어 뉴런의 축삭을 감싼 구조인 말이집(다른 이름은 미엘린myelin 혹은 수초)을 형성하고, 축삭을 따라 전파되는 전기 신호의 속도를 조절해 신속한 신호 전달에 관여한다. 이 말이집이 있는 신경을 말이집신경섬유medullated fiber, 없는 신경을 민말이집신경섬유non-myelinated nerve fiber 라고 한다.

신경섬유의 전기적 성질이나 활동전위를 발생시키는 메커니즘은 1940년대에 화살오징어의 거대 축삭을 이용해 연구된 바 있다. 오징어를 빛에 비추면 눈에 보일 정도로 큰 신경이 지나는 것을 관찰할 수 있는데, 이러한 신경이 민말이집신경섬유이다. 만일 무한히

물을 흘려보내야 한다면 수도관이나 호스가 굵을수록 물을 빠르게 운반할 수 있을 터, 생물도 진화 과정에서 점점 거대해지면서 더 멀리 빠르게 신호를 전달하기 위해 신경을 굵게 만드는 전략을 취하는 것이 생존에 유리하게 작용했을 것이다. 하지만 굵은 신경섬유로는 뇌를 복잡화하기란 어려웠을 것이다.

반면 인류의 조상은 진화의 어느 시점에서 희소돌기아교세포에 해당하는 글리아세포(슈반Schwann 세포)를 획득해 가늘고도 전달 속도가 빠른 말이집신경섬유를 가지게 되었다. 이로써 좀 더 복잡하고 에너지를 절약할 수 있는 뇌를 형성할 수 있었을 것이다. 우리가 신속하고 정밀한 신경 전달을 수행할 수 있는 것은 바로 희소돌기아교세포 덕분이다.

민말이집신경섬유를 따라 활동전위가 전도되는 속도는 대략 초당 1미터 정도로, 사람이 걷는 속도와 거의 비슷하다. 반면 말이집신경섬유 중 빠른 것은 초당 100미터로, 최신식 고속철도에 견줄 만큼 빠르다. 굉장한 진화인 셈이다. 말이집신경섬유에는 절연체 말이집이 감겨 있다. 활동전위는 이 말이집을 뛰어넘어 띄엄띄엄 발생하는데, 이와 같은 구조를 '도약전도saltatory conduction'라고 한다.

아스트로사이트astrocyte 라는 글리아세포도 존재한다. 아스트로 astro는 별이라는 뜻으로, 별아교세포 또는 성상교세포라고도 부른다. 뇌 속에 별이 있다니 낭만적이지 않은가. 나는 무엇을 감추고 있을지 모를 이 별아교세포의 매력에 빠져 연구에 매진하고 있다. 나의 고향인 홋카이도의 하코다테시에는 별 모양으로 된 요새의 흔적인 고료카쿠五稜郭(유럽의 성채도시를 참고한 별 모양의 서양식 성곽으로, 현재는 공원으로 일반인에게 개방되어 있다.—옮긴이)가 있는데, 별 모양 뇌세포를 연구하고 있다니 이 또한 신기한 운명이다.

세포는 골격과 골격을 감싸는 막으로 이루어져 있다. 별아교세포의 골격은 별 모양이지만, 막은 철 수세미 모양의 더욱 복잡한 구조이므로 수세미세포라는 이름도 어울릴 것 같다.

이 별아교세포가 뇌 안의 노폐물을 제거해 뇌내 환경을 일정하게 유지할 뿐 아니라 뇌의 정보 처리에도 적극 관여할 가능성이 있다는 연구가 최근 속속 나오고 있다.

8. AI에는 없고 인류의 뇌에만 있는 것

별아교세포,
뇌를 지켜주는 수호신

뇌는 두개골이라는 단단한 뼈가 보호하고 있고 그 아래는 손상을 흡수하는 뇌척수액이 채워져 있다. 또 뇌 표면에는 삶은 달걀 껍데기를 벗기면 얇은 껍질이 붙어 있는 것처럼 세 개의 층으로 이루어진 막이 덮여 있는데, 이 막을 '수막meninges'이라고 한다. 두개골에 가까운 쪽부터 경막, 지주막(거미막), 연막이라고 부른다. 자주 들어본 적 있을 지주막하출혈은 흘러나온 혈액이 쉽게 체외로 배출되지 않아 정체된 혈액으로 인해 뇌조직이 압박받아 괴사하는 증상으로, 목숨을 건진다고 하더라도 심각한 후유증이 남는 무서운 질환이다.

성인의 뇌는 1,300그램 정도의 기름진 덩어리인데, 심장처럼 움직이는 장기와 달리 겉으로는 어떤 작용을 하는지 잘 알 수 없다. 다만 한 가지 분명한 것은 뇌만큼 견고하게 보호되는 장기도 없다는 점이다. 그만큼 뇌는 중요한 장기지만, 막상 두개골을 열어 보면 액체에 잠겨 있을 뿐이다. 그래서 오랫동안 뇌는 혈액을 식히는 장치 정도로 여겨졌다.

두개골 아래 뇌가 잠겨 있는 무색투명한 액체가 '뇌척수액CSF, cerebrospinal fluid'이다. 혈액에서 백혈구나 적혈구와 같은 성분을 제거한 혈장 성분으로, 뇌실이라는 부위에 있는 맥락총choroid plexus에서 만들어진다. 수막 가운데 지주막하 아래쪽 뇌 표면 위 공간을 채우고 있다.

뇌척수액이 존재하는 근본 의의는 뇌의 물리적 손상을 완충하기 위해서다. 두부 팩 안에 물을 넣는 원리와 같다. 단순히 뇌를 잠기게 해서 보호만 하는 것이 아니라 늘 새롭게 만들어 교체하는 과정에서 뇌의 노폐물을 배출하는 역할도 한다. 뇌척수액은 하루에 네다섯 번 교체될 정도로 천천히 흐르는데 이 흐름이 정체되면 불상사가 일어난다. 뇌의 노폐물은 뇌세포에 긴 시간 머물면 과잉 활성화를 일으키거나 독성을 유발하므로 신속하게 제거해야 한다. 별아교세포는 노폐물을 흡수해서 제거하는 역할도 하지만, 이와 더불어 뇌 속 액체로 씻어 내는 방법도 활용한다.

체세포는 노폐물을 씻어 내는 과정에 림프액을 사용할 수 있지만, 뇌에는 림프관에 해당하는 구조가 발견되지 않아 오랫동안 수수께끼로 남아 있었다. 그러다 2012년, 미국의 한 연구팀이 뇌 표

8. AI에는 없고 인류의 뇌에만 있는 것

면을 흐르는 뇌척수액이 뇌조직 안으로 침투해 뇌세포 틈새에 축적된 노폐물을 씻어 낸다는 사실을 밝혀냈다. 알츠하이머병과 관련된 것으로 알려진 아밀로이드베타amyloid beta라는 단백질은 젊은 사람의 뇌에서도 만들어지는 아주 흔한 노폐물이다. 이를 확실히 배출할 수 있다면 질환을 예방할 수 있을 것이다.

별아교세포는 뇌척수액이 뇌조직 내에 스며들기 위한 구동력을 만들어 내는 것으로 추측된다. 별아교세포에는 물이 지나는 길이 되는 단백질 아쿠아포린-4가 있다. 이 아쿠아포린-4는 중추신경계에서는 별아교세포만이 지닌 특수한 단백질로, 물이 드나드는 것을 통제해 세포 틈새 부피와 이온 농도를 조절하는 중요한 작용을 한다. 물이 드나드는 것은 매우 본질적 작용으로, 미생물을 떠올리면 이해하기 쉽다.

뇌척수액은 늘 흐르고 교체되지만, 물의 흐름은 항상 일정하지 않아서 수면과 각성 같은 몸 상태에 따라 변동되기도 한다. 별아교세포는 틈의 부피로 물의 드나듦을 조절하는데, 공간이 넓어지면 그 사이로 물이 잘 흐르고, 공간이 좁으면 물이 잘 흐르지 않는다. 잠을 자는 동안에 이 공간이 넓어져 물이 잘 흐르며, 특히 깊은 잠을 잘 때 노폐물이 씻겨 내려간다. 이를테면 뇌의 고압 세정이다.

이 공간의 부피는 각성 시에는 10퍼센트 정도, 수면 시에는 20퍼센트 정도가 된다. 뇌의 5분의 1이나 공간이 있다고 하니 뇌는 제법

듬성듬성 비어 있을 수도 있겠다는 생각이 든다. 흥미롭게도 아기의 뇌는 40퍼센트 정도가 공간이고 나이를 먹으면 보통 15퍼센트 정도가 된다고 한다. 심지어 노화로 인해 아쿠아포린-4에 변화가 일어나면 물의 흐름도 더뎌질 수 있다. 결국 아밀로이드베타가 뇌에 비정상적으로 축적되어 알츠하이머병을 일으키는 원인이 되는 것이다.

세탁기 안에 먼지가 쌓이면 성능이 떨어지는 것처럼 뇌 속 환경도 얼마나 신속하게 '원래 상태로 돌아가는지'가 중요하다. 따라서 머리가 좋은 사람의 뇌는 뒷정리를 잘하는 뇌인 셈이다.

화학적인 뇌 보호 장치

지금까지는 물리적으로 뇌를 보호하는 작용을 설명했는데, 뇌는 화학적으로도 보호를 받는다. 뇌 속에는 무수한 혈관이 뻗어 있고, 이 혈액을 타고 다양한 물질이 들어온다. 그러나 모든 물질이 뇌로 들어오면 심각한 문제가 발생한다.

이를테면 뉴런의 시냅스 전달은 글루탐산이라는 물질을 주로 사용한다. 글루탐산은 감칠맛을 더하는 성분으로 알려졌는데, 된장국이나 라면에 풍부하다. 대부분은 소장에서 흡수되지만 만일 뇌에 직접 도달한다면 의도하지 않은 시냅스 전달이 일어나게 된다. 게다가 신속하게 제거하지 않으면 전달이 계속되어 결국에는 뇌전증(간질)을 일으킬 수도 있다.

참고로 별아교세포는 이 시냅스를 감싸고 있어서 시냅스 전달에서 사용한 글루탐산을 신속히 흡수해 글루타민의 형태로 변환한 뒤 뉴런에 돌려주는 재활용 역할도 한다. 그야말로 지속가능발전목표SDGs에 부합하는 작용을 하는 것이다.

뇌로 들어오는 혈관 하나하나에도 별아교세포의 돌기가 감겨 있어 '혈액뇌관문BBB, Blood-Brain Barrier'이라는 구조를 만든다. 혈액을 타고 운반되어 오는 불필요한 물질이 뇌 속에 침입하지 않도록 취사선택하는 것이다.

주위에서 "기억력 개선을 위해 먹는 영양제가 효과가 있을까요?"라는 질문을 자주 받는다. 지금으로서는 어떤 물질이 혈액뇌관문을 통과하고 어떤 물질이 통과하지 않는지는 확실히 밝혀지지 않았으므로 "잘 모른다"라고 답할 수밖에 없다. 나도 그 영양제의 유효 성분이 어떤 기준으로 혈액뇌관문을 통과하는지 알고 싶다.

감마 아미노낙산(GABA, 감마 아미노뷰티르산)은 억제 정보를 전달하는 신경전달물질로 유명하다. 독일에서 온 신경과학자가 일본 편의점에서 판매하는 GABA를 보더니 동료에게 선물해야겠다고 농담한 것처럼, GABA도 혈액뇌관문을 통과할 가능성은 낮다고 예상

된다. 정말 효과가 있다면 편의점에서 팔고 있을 리가 없지 않겠는가. 억제 효과가 있다는 연상작용을 이용해 섭취 뒤 편한 휴식이나 숙면을 유도할 수는 있을지도 모르겠다. 따라서 아무리 좋은 약이라도 혈액뇌관문을 통과해서 뇌에 도달하는 것이 중요하다. 지금은 이 자체가 하나의 연구 분야가 되었고, 이와 관련된 기술을 총칭해 약물 전달 시스템drug delivery system이라 한다.

별아교세포는 혈액뇌관문에서 뇌의 주요 에너지원인 포도당을 가져와 뉴런에 전달한다. 혈액뇌관문을 통과할 수 있으려면 크기가 작고 기름에 잘 녹는 물질이어야 한다는 조건이 있으리라는 점도 최근에 밝혀졌다. 천연 성분일수록 쉽게 통과해 니코틴이나 카페인, 마약 등 뇌에 전달되지 말아야 할 물질이 오히려 혈액뇌관문을 잘 빠져나간다. 이러한 물질은 식물 성분인 알칼로이드로, 우리가 복용하는 약 대부분이 알칼로이드이거나 여기서 힌트를 얻어 합성한 것이다. 그 밖에도 혈액뇌관문을 쉽게 빠져나가 문제를 일으키는 것이 알코올이다. 취하는 메커니즘이 완전히 밝혀지지는 않았지만, 별아교세포의 체면을 세워주기 위해서라도 술은 적당히 마시기를 권장한다.

8. AI에는 없고 인류의 뇌에만 있는 것

뉴런의 똑똑한 전략

뇌는 기초대사량의 20퍼센트를 소비할 정도로 간과 근육에 버금가는 대식가이다. 뇌에 유일하다고 해도 좋은 에너지는 포도당(글루코스glucose), 이른바 당질이다. 당질류는 소장에서 글루코스로까지 분해된다. 따라서 시중에 넘쳐나는 당질을 제한하는 다이어트 방법은 일부러 뇌를 쓰지 못하게 하는 방법이라고 할 수 있다.

뇌는 에너지 대부분을 뉴런이 전기적 활동을 시작하고 그 준비를 하는 데에 사용한다. 즉 뇌의 신속하고 정확한 정보 처리를 위해서는 활동전위를 일으키는 것 자체보다 다음 활동전위를 일으킬 수 있도록 신속하게 본래로 돌아가는 항상성 유지가 가장 중요한 임무가 된다.

나트륨이온과 칼륨이온의 역전으로 발생하는 활동전위는 불균형 상태를 기본 상태로 만들어 준비하기 때문에 활동전위의 발생에는 그다지 에너지를 소모하지 않는다. 오히려 활동전위의 발생으로 역전된 이온의 균형을 다시 한번 반전시켜서 불균형 상태로 되돌려야 할 때 에너지를 사용한다. 뉴런에 따라서는 1초 동안에 400발의 활동전위가 발사되기도 하는데, 그때마다 본래 상태로 되돌려야만 다음 활동전위가 일어날 수 있다.

예전에 패밀리 레스토랑에서 아르바이트한 적 있는데, 주말에는 아무리 바빠도 그만큼 충분히 음식 재료를 준비해 두므로 그다지 힘들지 않았다. 오히려 가장 힘든 것이 설거지였다. 설거지가 밀리면 음식을 내보내는 것도 더뎌진다. 특히 손잡이가 달린 음료 잔을 설거지하기 힘들어진다. 그래서 보통 가장 일 잘하는 베테랑 직원이 설거지를 맡았기에, 나도 설거지를 맡았을 때 드디어 능력을 인정받았다고 생각했다. 나중에 그만두고 방문한 적이 있는데 그릇에 아직 온기가 남아 있거나 잔이 평소와 다르면 '설거지가 밀렸구나'라는 생각이 들었다.

다시 본론으로 돌아가면, 뇌는 많은 에너지를 필요로 하지만, 뉴런은 혈관과 직접 연결되어 있지 않아서 곧바로 에너지를 공급받기가 어렵다. 많은 에너지를 사용하는 것에 비해 비효율적인 공급 방식이라 다소 의아한데, 혈관을 감싼 별아교세포가 글루코스를 가져와 뉴런이 사용할 수 있는 형태로 만들어 제공한다. 게다가 글루코스를 직접 에너지로 사용하지 않는 점도 더 놀라운 사실이다.

앞서 말한 대로 뉴런은 그 활동에 따라 글루탐산을 비롯한 다양한 노폐물을 방출한다. 기본적으로는 내놓기만 하므로 어떻게든 처리해야만 다음 신경전달이 진행된다. 여기서 설거지를 담당하는 베테랑 직원처럼 별아교세포가 솜씨 좋게 뒷정리를 해준다. 별아교세포는 물의 드나듦을 이용해 여분의 이온을 흡수하고 글루탐산을 가져오고 씻어 내리는 등 뇌내 환경을 신속하게 아무 일도 없었던 것처럼 본래 상태로 되돌린다. 잔치는 즐겁지만, 뒷정리는 힘든 법이다. 별아교세포는 그 궂은일을 도맡아 처리해 주는 고마운 존재다.

팀워크로 움직이는 뇌

이처럼 별아교세포는 뉴런에 먹거리를 제공하고 뒷정리도 하며 부지런히 보호자와 같은 역할을 한다. 만일 별아교세포가 토라져서 "더 이상 일 안 해"라고 선언한다면 뉴런은 조금도 버틸 수 없을 것이다.

20세기는 전기로 뇌의 활동을 측정하거나 자극하는 전기생리학 분야 연구가 꽃을 피운 시대였다. 그래서 이 분야에서 많은 노벨상이 탄생했다. 그런 이유 때문인지 전기로 측정할 수 없는 것은 뇌가 아니라는 듯이 뉴런을 뇌의 주역으로 보는 '뉴런 중심주의neuron doctrine'가 뇌과학의 주류가 되었다. 지금까지 이 책을 읽은 여러분은 '과연 뉴런과 별아교세포 가운데 어느 쪽이 주역일까'라고 궁금증이 들 수도 있다.

최근에는 우울증과 같은 정신질환이나 알츠하이머병 같은 신경변성질환, 인지증을 비롯한 수많은 뇌질환에 별아교세포의 기능부전이 관련되어 있다는 사실이 조금씩 드러나고 있다. 앞서 좋은 약을 만들어도 뇌에 직접 전달할 수 없는 한계를 지적했는데, 별아교세포는 혈관과 직접 연결되는 뇌세포라는 점에서 신약 개발 분야에서도 최근 주목하고 있다.

물론 뉴런이나 시냅스 전달이 신속하고 정밀한 정보 처리에 중요한 작용을 하고 있음은 의심할 수 없는 사실이다. 따라서 뉴런도 별아교세포도 글리아세포도 모두 중요하다.

8. AI에는 없고 인류의 뇌에만 있는 것

우리는 뇌를 진짜
10퍼센트만 사용할까?

별아교세포는 지능과도 연관되어 있을 가능성이 크다고 알려졌다. IQ가 높은 사람은 대뇌피질의 부피가 크다. 그래서인지 이마가 튀어나와 있고 머리가 커야 똑똑한 것은 아니지만 머리가 좋은 사람의 뇌는 분명 꽉 차 있으리라고 생각하는 듯하다. 그런데 독일에서 실행된 한 연구에 의하면, 상대적으로 IQ가 높은 사람의 뇌 회로 밀도를 조사해 보았더니 예상과 달리 밀도가 낮다는 점이 밝혀졌다. 오히려 상대적으로 IQ가 낮은 사람의 뇌 회로가 번잡하고 그다지 최적화되지 않은 모습이었다.

다시 말해서 IQ가 높은 사람의 신경 회로는 질서 있게 효율적으로 뇌를 지탱한다는 것이다. 그러나 부피가 큰데도 신경 회로의 밀도가 낮다는 것은 표현이 거북할 수 있지만 뇌가 듬성듬성 비어 있

머리가 좋다는 건 무슨 뜻일까?

다는 뜻일 수도 있다. 대체 이유가 뭘까? 지금까지 이 책을 꼼꼼히 읽었다면, 뉴런이 깨끗하다는 것은 어쩌면 글리아세포의 수가 많기 때문일 것이라고 예측할 수 있다.

여기서 별아교세포의 진화적 측면에 초점을 맞춰 생각해 보자. 별아교세포와 같은 작용을 하는 글리아세포는 거머리나 선충 같은 원시적 동물에서도 발견된다. 거머리의 신경계를 구성하는 신경절에는 대략 400개 뉴런과 10개 글리아세포가 포함되어 있으므로 뉴런 하나에 별아교세포 모양의 글리아세포는 0.025개에 불과하다. 포유류의 경우는 대뇌피질의 뉴런에 대한 별아교세포의 비율이 비약적으로 증가한다. 예를 들어 쥐 같은 설치류나 토끼는 0.3, 조류는 0.4~0.6, 고양이는 1.1 정도, 사람은 1.3~2.0으로 점점 더 증가한다는 걸 알 수 있다. 1을 넘는다는 것은 고양이나 사람의 경우 뉴런보다 별아교세포의 수가 많다는 것이다.

이 부분만을 보면 지성의 진화에는 별아교세포가 중요한 역할을 한다고 생각해도 무방하지 않을까? 하지만 코끼리나 고래의 경우 그 비율이 4.0~7.5에 이른다는 연구 결과가 있으니 단순히 지능뿐 아니라 뇌의 에너지 수요나 대사 기능, 노폐물 처리 등의 필요성이 증가함에 따라 별아교세포가 늘어날 필요가 있었다고 설명하는 것이 타당할 것이다. 어찌 됐든 체중에 비해 인간만이 대뇌피질의 부피가 비정상적으로 크고 뉴런에 대한 별아교세포 비율이 높다는 점

8. AI에는 없고 인류의 뇌에만 있는 것

은 무슨 비밀이 있지 않을까 하는 생각이 든다.

얼마 전까지만 하더라도 사람의 뇌는 뉴런과 글리아세포의 비율이 1대 9로 이루어졌다고 알려졌다. 하지만 지금으로서는 평균적으로 뇌 절반이 글리아세포로 되어 있다고 밝혀짐으로써 그 생각이 틀렸다는 것이 입증되었다. 그런데도 시중에 나와 있는 서적과 TV 프로그램에서는 여전히 "우리는 뇌의 10퍼센트만 사용하고 있다"라며 사실인 양 말한다. 이것이 글리아세포가 사용되지 않는다는 의미라면 틀린 말일뿐더러, 애당초 뇌 안에 사용하지 않는 영역이 있다면 괴사한 것과 마찬가지인 셈이니 더욱더 말이 되지 않는다.

물론 모든 세포가 동시에 활동하는 것은 아니지만 뇌는 항상 풀가동하고 있다고 해도 과언이 아니다. 다만 뇌를 사용하는 방법은 몸 상태에 따라 변화한다. 예를 들어 수면 중에도 특유의 뇌 활동이 이루어진다. 잠을 자는 동안은 뇌가 쉰다고 생각할 수 있지만 전혀 그렇지 않다. 뇌를 사용하지 않는 시간은 없다.

인간과 쥐의 별아교세포 차이

뉴런의 형태는 어느 동물이나 대부분 비슷해서 연구자도 인간의 것과 쥐의 것을 구분하기 어렵다. 뉴런의 작용은 동물에 따라서도 큰

머리가 좋다는 건 무슨 뜻일까?

차이가 없고 오직 정보를 받아들여 통합하고 전달한다는 점에서 달리 생각할 여지가 없다고 생각한다. 사실 부품은 가능하면 단순한 것이 편리하다.

반면 사람과 쥐의 별아교세포를 비교한 충격적인 연구 결과(그림 ⑫, 그림 ⑬)가 있다. 사람의 별아교세포가 얼마나 크고 복잡한 형태를 띠고 있으며 많은 돌기를 가졌는지 다음 사진으로 확인할 수 있다. 물론 사람의 뇌 안에도 쥐와 공통된 형태의 별아교세포가 있지만, 사람과 일부 침팬지에게서만 발견되는 별아교세포도 있다는 점이 놀랍지 않은가? 어쩌면 이것이 중요한 열쇠일지 모른다는 생각이 강하게 든다.

생물학은 특정 생물의 특수한 현상을 발견하기보다 오히려 생명에게서 공통으로 나타나는 기초 원리를 밝히는 학문이다. 흔히 뇌를 연구하면서 왜 사람의 뇌를 사용하지 않느냐는 질문을 받을 때가 있다. 그런데 오히려 공통의 원리를 찾는다는 목적에서 보면 쥐나 곤충의 뇌만으로도 충분하다. 세포라는 관점에서 보면 모든 생명이 공통 조상으로부터 물려받은 공통의 메커니즘이 있기 때문이다. 그런데 사람에게만 발견되는 특징을 지닌 세포가 있다고 하면 이야기가 달라진다. 그리고 사람만 지닌 별아교세포를 쥐가 가지게 되면 어떻게 될까? 하는 호기심을 억누를 수 없을 것이다. 이러한 호기심을 정말로 행동에 옮겨 확인한 사람이 있다.

그림 ⑫ 쥐의 별아교세포

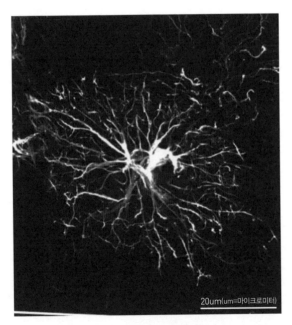

그림 ⑬ 인간의 별아교세포

지능을 좌우하는
별아교세포의 메타 가소성

2013년, 미국에서 쥐 뇌에 사람의 태아에서 채취한 글리아 전구체 세포를 이식하는, SF에 등장할 법한 실험이 시도되었다. 글리아 전구체 세포는 별아교세포가 될 예정인 세포로, 이식된 쥐의 뇌 안에서 사람의 별아교세포처럼 증식을 시작했다.

물론 쥐의 뇌 속에도 본래 별아교세포가 될 세포가 있었지만, 인간의 별아교세포가 그것들을 구석으로 몰아내고 대부분의 자리를 차지했다. 이렇게 해서 뇌 일부가 '인간화'된 쥐를 1년 정도 사육한 뒤 기억과 학습 능력을 조사하는 행동 시험을 실시한 결과 일반 쥐보다 학습 효율이 2.5배 정도 증가했다. 또 시냅스 가소성의 효율 측면에서도 긍정적인 결과가 나타났다.

최근에는 쥐와 원숭이에게 사람의 유전자나 세포, 혹은 iPS 세포

(분화가 끝난 성체 세포를 다시 미성숙한 상태로 되돌려 여러 종류의 세포로 분화할 수 있도록 유도한 세포다.─옮긴이)로 만들어진 인공 뇌조직을 이식해 지능과 뇌 건강에 어떤 변화가 일어나는지를 검증하는 실험이 해마다 늘고 있다. 사람에게 응용하려면 시기상조겠지만, 미래에는 유명 연예인의 별아교세포는 3000만 원, 노벨문학상 수상 작가의 별아교세포는 5000만 원 같은 식으로 거래될 날이 올지도 모른다는 공상에 빠져 본다. 물론 이러한 공상은 즐겁지만 유전자를 쉽게 편집해 다른 동물을 인간화하고 뇌세포를 이식해도 되는지에 대해서는 향후 신중한 논의가 필요하다.

실제로 별아교세포가 지성에 영향을 준다면 대체 어떤 과정을 거치는 것일까? 지금까지 살펴본 것처럼 에너지 공급과 노폐물 제거 등으로 뉴런이 작용하는 환경을 정비하는 것도 하나의 방법일 것이다. 별아교세포는 혈관과 시냅스 양쪽에 연결되어 있다. 학습과 기억에는 뉴런의 이음매인 시냅스 전달 효율이 중요한 역할을 한다. 시냅스 전달 효율은 늘 일정하지는 않아서 상황에 따라 유연하게 강화되거나 약화된다. 이때 별아교세포가 시냅스에 작용해 가소성에 영향을 준다는 사실도 드러나고 있다.

별아교세포는 단순히 환경을 정비할 뿐만 아니라 스스로 전달물질을 방출하고 뇌의 정보 전달에 관여한다. 별아교세포가 방출하는 전달물질인 '글리아 전달물질'에는 뉴런이 전달에 사용하는 글루탐산, GABA 등도 포함된다. 또 시냅스 전달과 주위의 별아교세포에 영향을 미치는 전달물질 등 다양한 물질도 발견되었다.

이처럼 별아교세포가 만일 능동적으로 시냅스 가소성을 제어한다면 어느 시냅스를 강화할지도 별아교세포의 재량 가운데 하나가 된다. 이와 같은 가소성 조절을 '메타 가소성metaplasticity'이라고 하는데, 별아교세포가 바로 이를 담당한다고 할 수 있다.

수수께끼를 풀 열쇠를 찾다

그렇다면 별아교세포는 언제 어떻게 어느 시냅스를 강화하려는 판단을 내릴까? 언제 어느 때 별아교세포가 활성화되는지는 아직 확실히 밝혀지지 않았다. 다만 분명한 것은 뇌가 위기에 빠졌을 때, 즉 저혈당, 저산소, 저혈압 등과 같은 물리적으로 장해를 받는 상태나 강한 정동 환기가 일어나는 색다른 체험을 할 때이다. 이와 같은 상황에서는 노르아드레날린noradrenaline이라는 뇌의 경고 시스템을 활성화하는 뇌내 물질의 방출이 높아져 별아교세포를 활성화한다.

단순한 반복으로 얻어지는 가소성보다 강한 정동 체험을 동반한 가소성은 쉽게 손실되지 않는다. 후자일 때는 뇌가 과거의 기억을 총동원해 어떻게든 극복하려고 하거나 지금 처한 상황을 확실히 학습해 다음을 대비하려는 등 지금까지 경험하지 못한 남다른 경험, 즉 불확실한 상황에 견디는 힘을 발휘하기 때문이다. 어쩌면 별아교세포의 지원을 받은 시냅스 가소성의 지속성이 높을 수 있다. 이것이 바로 끈기 있는 가소성의 정체다.

조금 더 상상력을 펼치면 하나의 별아교세포가 수백만 개의 시냅스와 연결되는 점이나 1밀리에 이르는 긴 돌기를 지닌 것도 있다는 점으로 미루어 볼 때, 멀리 떨어진 세포끼리 연결해 정보를 통합하고 있을 수도 있지 않을까.

인간만이 발휘하는 고도의 뇌기능 통합이나, 불현듯 떠오르는 '영감' 등은 이 별아교세포가 중간 역할을 한다는 기대도 불러일으킨다. 연구는 이제 막 시작되었지만, 뇌의 불가사의를 밝히는 데에 별아교세포가 많은 관련이 있다는 생각에 마음이 설렌다.

스트레스와 피로를 간과한다면

실험실에서 기르는 쥐는 편안한 환경에서 과보호를 받으며 자라 야생성을 잃게 되므로, 설령 별아교세포가 기능부전이 되는 유전자조작을 해도 크게 영향받지 않고 남은 생애를 보낼 가능성이 높다. 그뿐 아니라 번식도 도와주므로 자손도 무사히 남길 수도 있다.

머리가 좋다는 건 무슨 뜻일까?

하지만 약간의 신체적 스트레스에도 갑자기 성질이 사나워지고 결국은 무기력해진다. 같은 편안한 환경에서 기르는 일반 쥐와 비교해도 무기력 정도가 높은 경향이 있다. 또 보통은 스트레스 요소를 제거하면 자연스럽게 회복하는 데 반해, 별아교세포가 제대로 작용하지 않는 쥐는 좀처럼 회복하지 못한다.

세포 차원에서 보면 예컨대 고농도 칼륨 용액을 뿌려서 뇌내 환경을 일부러 불균형하게 만들면 뉴런이 일시적으로 전기적 활동을 나타내지 않는 억제 상태에 빠지게 되는데, 이때 별아교세포가 부지런히 일해서 본래 상태로 돌아가려고 노력하므로 결국 뉴런도 원래대로 건강한 전기적 활동을 나타낸다. 그러나 별아교세포가 기능부전에 빠지면 아무리 기다려도 뉴런은 회복되지 않는다. 따라서 신체적 스트레스의 회복에도 영향을 줄 수 있다.

신체적 스트레스나 뇌 피로 상태일 때 뇌에 어떤 노폐물이 쌓여 있고 어떤 식으로 기능이 저하되는지 아직 완전히 밝혀지지 않았지만, 알게 모르게 별아교세포가 최고의 성능을 발휘하지 못하는 상태일 가능성이 높다. 혹은 신체와 마찬가지로 같은 사용법만 쓰다 보면 다른 사용법이 있다는 걸 잊게 될 수도 있다.

별아교세포도 정기적으로 활성화해야 기능이 저하되지 않는다. 그러니 별아교세포를 활성화하려면 예기치 못한 시점에서 뇌가 비일상성을 경험하게 하고 생명의 위험이 없는 수준에서 뇌를 위기에 빠뜨려야 한다. 단순히 부정적 의미가 아니라 예상 밖의 즐거움이나 고양감 같은 강한 정동 환기를 일으키는 것이 좋다. 날마다 놀이동산에 간다면 머지않아 질리겠지만, 가끔은 혼자 해외여행을 떠난다거나 집 근처에서라도 길을 헤매보는 등의 비일상성이 중요하다. 뇌 피로 회복 차원에서도 추천한다.

안타깝게도 별아교세포의 수는 늘릴 수 없다. 그러니 지금 지니고 있는 별아교세포를 제대로 활용하는 것이 '뇌 지구력'을 높이는 비결이다.

- 뇌 안에는 오랫동안 간과되어 온 기능을 지닌 신경아교세포(글리아세포)가 존재한다. 글리아세포는 뇌의 정보 처리와 건강한 기능 유지에 중요한 역할을 한다.

- 글리아세포 가운데 별아교세포는 뇌의 노폐물 제거와 뇌내 환경 유지, 정보 처리에 적극적인 관여 등 다양하고 중요한 역할을 담당하고 있어 뇌의 건강과 기능에 불가결한 존재다. 또 두뇌 발달과 지성의 진화에 중요한 역할을 담당하고 있을 가능성이 있으며, IQ가 높은 사람의 뇌에는 별아교세포 수가 많다고 알려졌다.

- 강한 정동 환기와 색다른 경험이 일어나면 별아교세포가 활성화되어 지속적인 가소성을 지탱할 가능성이 있다. 별아교세포는 뇌 지구력을 높이고 신체적 스트레스와 뇌 피로를 푸는 데에도 중요한 역할을 한다.

9.

AI는 또 하나의 뇌가
될 수 있을까?

AI와 인간은 무엇이 다르며
어떻게 공존할까?

지금까지 머리가 좋은 사람의 뇌 작용을 다각도에서 살펴보았다. 하지만 뇌를 이야기하면서 AI를 다루지 않고 넘어갈 수는 없을 것 같다. 이 책을 쓰기 시작했을 때만 해도 주목받기 전이었는데, 순식간에 챗GPT를 비롯한 대규모 언어 모델이 상당한 발전을 이루었다. 심지어 AI로 예술 작품 제작이나 연구논문 집필까지도 가능해져 물의를 빚고 있다. AI에는 신체가 존재하지 않으므로 운동 분야에 비집고 들어오는 것은 시기상조일 테니 지금이라도 마음껏 자기 몸을 즐겨 보기를 바란다. 그런 의미에서 9장에서는 AI 시대에 필요한 참된 지성이란 무엇인지에 대해 다시금 짚어보려 한다.

9. AI는 또 하나의 뇌가 될 수 있을까?

학습하는 AI

2016년, AI '알파고AlphaGo'가 세계 바둑 챔피언 이세돌을 물리쳐서 큰 반향을 불러일으켰다. 이 AI를 개발한 딥마인드DeepMind사의 공동 창업자 데미스 허사비스Demis Hassabis는 어린 시절부터 '천재'를 입증하는 수많은 에피소드가 전해진다. 네 살 때부터 체스에 빠져 배운 지 2주도 되지 않아 성인을 꺾었으며, 열세 살에는 열네 살 이하 부문 경기에서 세계 2위를 차지했다. 열다섯 살에는 케임브리지대학에 합격해 2년 동안 공부한 뇌신경 분야의 논문으로 상을 받았고 창업한 지 불과 3년 된 회사를 500억에 매각하는 등 수많은 공적을 세웠다. 틀림없이 누구나 인정하는 현대를 살아가는 천재 중 한 명일 것이다.

딥마인드사의 '딥'은 필시 딥러닝deep learning(심층학습)이라는 AI 학습 방법을 가리킬 것이다. AI의 작동 원리인 인공신경망 알고리즘은 뉴런에 활동전위가 일어나 인접한 뉴런으로 정보를 전하는 시냅스 전달 구조를 모방한 것이다. 신경망은 뉴런의 활동전위가 '일어났다/일어나지 않았다'를 '1/0'로 나타내는데, 입력 가중치를 더해 나가다가 특정 값을 넘으면 다음 뉴런에 1을 전달하고 넘지 않으면 아무것도 출력하지 않는 단순한 구조다. 이러한 시냅스의 가중치 규칙을 학습한 것이 바로 '기억'이며, 입력 빈도가 높을수록 가중치

머리가 좋다는 건 무슨 뜻일까?

가 높고 입력 빈도가 낮으면 약화해 도태한다는 '헵의 학습 법칙'에 따른다.

최근에는 컴퓨터 성능이 향상해 AI가 다층적이고도 빠른 속도로 이와 같은 계산을 실행하므로 겉으로 보기에 처리하는 일이 한층 많아진 건 분명하지만, 실상 기본적 알고리즘은 1950년대와 크게 다르지는 않다.

AI도 창조성을 기를 수 있을까?

AI가 뇌와 다른 점은 학습할 때 대량의 교사 데이터가 필요하다는 점이다. 로라 슐츠Laura Schultz는 '놀랍도록 논리적으로 사고하는 아기들'이라는 20분짜리 TED 강연에서 인간의 뇌는 아기들도 단 몇 번의 짧은 학습을 통해 마치 통계학자처럼 예측할 수 있다고 말했다. AI에게 같은 학습을 시키려면 아마도 몇만 회의 사전 학습을 해야 한다고 예상된다.

최근 자율주행 기술이 향상되었지만, 여전히 해결하기 어려운 과제는 위험 예측 운전이라고 한다. 위험 예측 운전이란 위험을 사전 예측해 사고를 방지하는 것으로, 학습 데이터베이스에는 없는 예기치 못한 일에 대응하거나 상대의 의도를 헤아리는 것은 아직 인간

9. AI는 또 하나의 뇌가 될 수 있을까?

이 뛰어나다고 할 수 있다. 인간은 한 번도 경험한 적 없는 일이라도 적은 사례를 대조해 예측하고 행동할 수 있다. 이는 뇌가 지닌 예측 능력 덕분이지만 적은 경험만으로도 구조를 만들고 일반화해 기억하거나 학습하는 뇌의 에너지 절약 특성도 한몫한다.

평소 도움을 받는 음성 어시스턴트와 자동번역도 우리가 사용할수록 학습을 거듭하면서 똑똑해졌다(인간의 오류가 너무 다양해서 반대로 바보가 되었다는 설도 있지만). 이세돌을 물리친 알파고도 사전에 학습한 몇억 개의 선택지 중에서 최적의 수를 낸 것에 불과하다. 컴퓨터나 인터넷 성능이 현격히 향상되어 고속으로 처리할 수 있으므로 마치 그때그때 생각하고 있는 것처럼 보이지만, 그렇게 느끼는 것은 마음이론 때문일 것이다.

AI가 헵의 학습 법칙을 비롯해 뉴런이 지닌 성질의 극히 일부밖에 사용하지 않는 이상, 뇌와 AI는 본질적으로 다른 것이라 할 수 있다. 뇌도 AI가 될 수 없는 것처럼 AI도 뇌가 될 수 없다. AI에 없는 다양한 능력을 지닌 뇌는 AI가 될 필요도 없을뿐더러 AI가 잘하는 것을 맡기면 그만이다. 그러니까 같은 무대에서 겨룰 필요가 전혀 없다는 것이다.

머리가 좋다는 건 무슨 뜻일까?

인간의 고유성을 생각하다

긴 연휴 동안 집을 떠났다 돌아오면 새삼 집이 주는 편안함을 알게 되거나 해외에 장기간 머물면 내 나라가 좋다는 생각이 드는 것처럼, 인류는 어쩌면 지능이 있는 것처럼 행동하는 AI를 손에 넣고서야 비로소 뇌만이 지닌 작용을 깨달은 건 아닐까?

물론 AI가 잘하는 것은 뇌의 한 측면에 불과하지만, 뇌와 같은 기능을 수행하려면 형태와 방법이 같지 않아도 어느 정도까지는 실현 가능하다는 사실을 알게 된 것만으로도 큰 수확이다. 예를 들어 곤충의 날개도 새의 날개도 똑같이 비행하는 기능을 담당하는 기관이지만, 구조나 성장 과정은 전혀 다르다.

AI도 처음에는 뇌의 작용을 모방해 만들어졌지만, 지금은 전혀 다른 것이 되었다. 그럼에도 긴 시간을 거쳐 뇌가 진화시켜 온 학습의 한 측면을 뇌와는 전혀 다른 규칙으로 실현했다는 점은 매우 흥미로울 뿐 아니라 향후 뇌 연구의 실마리가 될 것이다. 인간의 뇌는 어디까지나 생명의 진화 과정에 있고 완성된 것도 아니며, 반드시 과학적 계산하에 만들어졌다고는 할 수 없다.

기억은 종종 잘못되곤 한다. 지나친 에너지 절약을 꾀하느라 사고를 단축한 결과, 과도한 일반화와 극단적 인지 편향을 일으켜 불합리한 판단을 내리기도 한다. 물론 이러한 취약한 부분은 인식하고 고쳐 나가야 할 테지만, AI의 무시무시한 발전 양상을 보면 뇌의 이러한 불완전한 측면이 오히려 귀엽게 느껴지기도 한다.

어제의 나와 오늘의 나는 같을까?

AI와 뇌의 차이로 자주 거론되는 예가 있다. 한번 무언가를 학습한 AI에게 새로운 것을 인식하도록 가르치면 이전에 학습한 걸 잊어버리는 '파괴적 망각catastrophic forgetting' 현상이다. 이를 개선하기 위해 여러 방법이 고안되기도 했는데, 그렇다면 뇌는 파괴적 망각을 하지 않는다고 단언할 수 있을까?

우리 세포는 매일매일 교체된다. 혀세포는 2주 만에 피부세포는 4주 만에 교체되는데, 10년 전 나와 지금의 나는 과연 같은 나라고 할 수 있을까? 뇌세포나 심근세포는 그만큼 자주 교체되진 않지만, 잠들기 전 나와 깨어난 뒤 내 몸이 달라져도 우리는 깨닫기가 어렵다. 변함없이 나라고 인식하는 이유는 사실 '일관된 일화기억' 덕분이다. 하지만 기억은 기록이 아니므로, 우리가 생각하는 일관된 기억조차 뇌에 유리한 해석에 불과할지 모른다.

뇌는 종종 시간의 흐름조차 역전시켜 편리한 쪽으로 해석하기도 하는데, 우리가 나라고 느끼는 일관된 존재나 자기의식마저 뇌의 발명품이라고 할 수 있다. 어느 날 태어난 뇌는 다양한 스트레스 반응을 거쳐 외부 환경 변화에 적응하고 어려움을 차례차례 해결해 주는 편리한 존재가 있음을 깨닫는다. 이것을 우리는 '자기自己'라고 이름 붙인 것이다.

이처럼 뇌는 계속해서 변화함으로써 변하지 않음을 실현한다. 이 책에서는 끊임없이 찾아오는 난관에 맞서 유연하게 변화를 헤니가는 뇌 가소성을 '끈기 있는 가소성'이라고 부르고, 이것이 진정한 똑똑함의 원동력이 된다고 반복해서 설명해 왔다. '지혜 주머니 기억'이나 뇌 지도는 시행착오를 겪으며 시시각각 수정된다. 그러한 관점에서 보면 상황에 따라 유연하게 변화하는 것이 본질이며, 변하지 않는 나는 존재하지 않는다고도 할 수 있다. 어쩌면 뇌는 파괴적 망각을 계속 반복하고 있는지도 모른다.

머리가 좋다는 것은
자신을 제대로 아는 것

다림질이 필요 없는 각 잡힌 셔츠나 형상기억합금 와이어 속옷처럼 '파괴적 망각'을 해도 일정 정도에 도달하면 원래 상태로 돌아오는 시스템이라면 일관된 나를 설명할 수 있을지도 모른다. 만일 뇌 속에서 예측을 만들어 내는 환경을 제어할 수 있다면 뉴런의 네트워크는 그 제약 안에서 최적의 모습을 찾아 최적의 성능을 발휘할 수 있다.

최근 스포츠 분야에서는 '제약 주도 접근법Constraints Led Approach'이 새로운 지도법으로 주목받고 있다. 이를테면 똑바로 서는 동작을 할 때 "엉덩이에 힘을 주라" "허리를 펴라" "위에서 끌어올리는 느낌으로 턱을 당기라" 등 자세히 설명해 주는 기존 방법이 있다. 반면 불안정한 요가 블록 위에 한 발로만 서도록 제약 환경을 만들고 "여기서 넘어지지 말라"는 단순한 규칙을 제시하면, 아무런 조언을 듣지 않아도 스스로 엉덩이에 힘을 주고 허리를 펴고 매달린 느낌으로 턱을 당길 수밖에 없어 결과적으로 올바른 자세를 취할 수 있다.

마찬가지로 똑바로 공을 던지고 싶을 때, 팔꿈치를 더 높이라든지 옆구리를 붙이라든지 말로 하는 조언을 너무 의식하면 오히려 내적 집중에 휘둘리고 만다. 나도 골프 스윙을 할 때 인아웃이 이러니저러니 설명을 들을 때 어쩌란 말인지 더 헷갈려서 잘하지 못한 적이 있다. 차라리 약간 앞쪽에 풍선을 두고(제약 환경) "반드시 풍선에 맞도록 공을 치라"는 단순한 규칙을 제시하면 저절로 공이 똑바로 날아간다고 한다.

이와 같은 지도법은 스포츠뿐 아니라 교육이나 다양한 기예를 익힐 때도 응용할 수 있는데, 여기서 좋은 코치는 적절한 제약과 단순한 규칙을 제시할 수 있는 사람일 것이다. 어린이집이나 유치원에서 원생들에게 교실에 널브러진 장난감을 정리하라고 지시할 때 "치우자"라고 말해도 쉽게 따르지 않는다. 그런데 음악을 켜고 "이 음악이 끝날 때까지 누가 가장 많이 정리할까"라고 게임으로 제시하면, 놀랍도록 자율적으로 움직인다. 더욱이 자발적인 동기부여로 움직이기 때문에 모두가 유쾌해진다.

이 원리를 사회에 적용하면 어떤 일이 일어날까? 지금까지 본질적으로 사람은 서로 이해할 수 없다고 반복해서 설명해 왔다. 스포

9. AI는 또 하나의 뇌가 될 수 있을까?

츠나 유치원 교실의 예시와 같이 규칙을 설정해도 순조롭지 않다. 오히려 굴레로 다가와 거부감이 들 수도 있다. 그러나 단 하나의 규칙을 가능하면 단순한 형태로 제시하고 적절한 환경적인 제약을 주면 저절로 최적화될 수도 있다.

자연계에서도 적절한 제약 조건에서 자율적으로 최적의 형태를 취하는 규칙이 있다. 이를 '자기 조직화'라고 한다. 뇌 속에서 파괴적 망각이 일어났더라도 외부에서 적절한 제약을 주면 자기 조직화가 일어나 결과적으로 최적의 형태를 취하는 생태적 힘이 작용할 가능성이 있다. 그 제약 조건을 만들어 내는 것이 별아교세포이고, 외부 환경이 뉴런 활동의 자기 조직화를 촉진해 '지혜 주머니 기억'을 형성한다고 예상할 수 있다.

헵의 학습 법칙 vs. 시공간 학습 법칙

AI가 방대한 학습을 반복해야 하는 이유는 '헵의 학습 법칙'만을 활용하기 때문이라는 지적이 있다. 그래서 '시공간 학습 법칙'에서는 입력 동기성을 학습에 활용해 사전 학습량이 적어도 된다는 가능성을 제안한다. 헵의 학습 법칙은 비슷한 걸 찾기 위한 역행성(피드백) 시스템이지만, 시공간 학습 법칙은 차이를 검출하기 위한 순행성(피

머리가 좋다는 건 무슨 뜻일까?

드 포워드feed forward) 시스템이라는 점에서 다르다. 비슷한 것을 판별하는 구조인 패턴 보완을 위해서는 수많은 통계 학습이 필요하지만 차이를 판별하는 구조인 패턴 분리는 시행 횟수가 적어도 가능하다.

뇌가 AI와 다른 점은 반복하지 않아도 단 한 번의 경험으로 순식간에 학습하거나 기억이 장시간 지속된다는 것이다. 여행을 갔을 때의 기억이나 강한 정동을 동반한 기억은 반복 경험을 하지 않아도 어쩌면 평생 지속되기도 한다. 이 메커니즘에 별아교세포가 관여하는 것으로 보인다. 정동 환기를 통해 방출되는 신경조절물질 neuromodulator (시냅스후 뉴런의 막에서 이온 투과에 의한 전도도를 직접적으로 변화시키지 않고 신경전달물질의 작용 강약이나 지속 시간을 조절하는 물질이다.—옮긴이)의 작용으로 별아교세포가 활성화되기 때문이다.

일반적인 이해로는 기억과 학습의 기초가 되는 시냅스 가소성이 일어나려면 반복 자극을 제시해야 하지만, 별아교세포가 방출하는 글리아 전달물질 안에는 뉴런의 발화를 동반하지 않아도 시냅스 가소성을 유도하는 것도 있다. 이와 같은 구조 덕분에 정동 환기나 강한 주의를 동반하는 강렬한 경험은 반복 제시되지 않아도 학습할 수 있다.

최근 연구에서는 헵의 학습 법칙과 시공간 학습 법칙이 8대 2의 비율로 혼재하면 매우 효율적 학습이 가능하다는 점도 밝혀졌다. 이

9. AI는 또 하나의 뇌가 될 수 있을까?

법칙 비율을 적용하면 위험 예측 운전이 가능한 자율주행 자동차나 좀 더 적은 학습으로 예측할 수 있는 인간다운 AI를 개발할 수 있을 것이다.

이 책에서는 '뇌 지구력'이야말로 AI 시대에 필요한 지성이라고 거듭 강조했다. 지금 시대에는 단 하나의 답에 바로 돌진하는 것이 아니라 무리하게 문제를 해결하려 들지 말고 불확실한 과제에 다가가는 자세가 필요하다. 또 의사소통이나 리더십에도 끈기 있는 시행착오를 반복하는 지구력이 필요하다. 그와 같은 능력을 시인 존 키츠John Keats는 '소극적 수용력negative capability'이라고 말했다. 나는 이 능력에도 별아교세포가 중요한 작용을 한다고 생각한다. 별아교세포는 뉴런에 에너지를 공급하고 뇌의 노폐물을 제거하는 등 뇌 속 환경을 정비해 사고와 끈기 있는 가소성을 가능하게 해주기 때문이다.

가지 않은 길을 가봐야 하는 이유

고대 중국의 사상가 노자가 한 말 가운데 '지인자지知人者智 자지자명自知者明'이 있다. '타인을 아는 사람은 지혜롭지만, 자신을 아는 사람은 총명하다'라는 의미다.

이 책에서는 '머리가 좋다'는 의미를 다각도에서 살펴보았다. 진정한 총명함은 자신을 아는 데에 있다. 끈기 있는 의사소통과 리더십을 발휘하려면 마음과 신체 모두 자신에 대한 해상도를 올려야 한다. 지금까지 쌓아온 뇌내 모델과 '지혜 주머니 기억'을 파악하고 자기 뇌와 신체가 지닌 습관을 아는 것이 중요하다. '지혜 주머니 기억'은 다양한 경험을 능동적으로 쌓는 것은 물론 신체를 움직이는 방법을 터득하고 정동에 관한 어휘를 늘려 업데이트할 수 있다. 이 기억이 만들어 내는 세상을 살아가며 색다른 경험을 찾아 업데이트를 촉진하는 과정에서 고양감과 쾌락, 행복감을 얻을 수 있을 것이다.

자기 뇌와 신체는 이 세상에 태어나서 늘 함께하는 단 하나밖에 없는 존재다. 모르는 부분을 남겨 둔 채, 내가 생각한 대로 움직이지 못하는 상태로 인생을 살아간다면 억울하지 않겠는가. 자기 뇌와 신체를 나만의 실험 공간으로 삼아 부디 실패를 두려워하지 말고 다양한 시행착오를 겪어 나가길 바란다.

뇌를 이해하기 위한 생각도구⑨

- AI는 인공신경망을 기반으로 한 알고리즘으로 작동하고 딥러닝을 이용해 학습한다. 예측과 미지의 상황에 대한 대응에서 인간의 뇌보다 뒤떨어진다. AI가 잘하는 것을 AI에게 맡기면 인간다움과 뇌의 독자적 능력이 더욱 명확해질 것이다.

- 단순한 규칙과 제약 환경을 제시하면 목표를 달성하는 데 자율적이고 효과적으로 행동할 수 있도록 유도할 수 있다. 이를 '제약 주도 접근법'이라고 부른다. 이와 마찬가지로 별아교세포는 뉴런 활동의 자기 조직화를 촉진해 효율적인 학습과 기억 형성을 돕는다.

- '뇌 지구력'은 불확실한 과제에 끈기 있게 대처하는 능력이자 AI 시대에 필요한 지성의 중요한 부분이다.

- 자기 뇌와 신체로 다양한 시행착오를 겪어 나가면 자신을 깊이 이해할 수 있게 되어 좀 더 나은 의사결정과 성장이 가능해진다.

머리가 좋다는 건 무슨 뜻일까?

뇌 가소성의 에너지원은
끈기와 기다림이다

사회와 경제가 정체되어 힘들다고 느끼면 누구든 눈앞의 답에 매달리기 마련이다. 내가 연구자로서 발을 내디딘 10여 년 전부터 "그 연구는 어디에 도움이 되는가?"라는 냉담한 말을 들을 때마다 마음이 답답했다. 과거 일본에는 아무런 도움이 되지 않더라도 호기심을 충족하는 목적으로만 연구해도 되는 시대가 있었다. 그러한 자유롭고 관대한 환경에서 여유로운 두뇌가 창조성을 유감없이 발휘해 달성한 수많은 발명과 발견이 노벨상으로 이어지고, 결과적으로 많은 사람을 돕는 혁신으로 이어져 인류의 삶이 더 나아진다고 생각한다.

　학교에 다닐 때 "사회는 힘들 때일수록 젊은 사람에게 투자(교육)해야 한다"던 지도교수님의 말씀이 지금도 종종 생각난다. 천둥벌

거숭이처럼 열의만 가득했던 나를 믿어주신 교수님에게는 그저 감사하다. 그로부터 10년이 흘렀지만, 젊은 사람을 양성하는 데는 여전히 인색한 듯하다. 만일 사회 전체가 사람에게 좀 더 투자했다면 지금쯤은 어려운 시기를 벗어났을지도 모른다는 생각을 한 적도 있다. 그런데 왜 젊고 미지의 능력을 지닌 사람에게 투자하는 일, 다시 말하면 교육에 투자하기란 이토록 힘들까?

이 역시 뇌와 관련이 있다. 지금 당장 십만 원 받는 것과 1년 후에 십오만 원 받는 것 중 어느 쪽이 좋은지를 선택하라는 유명한 심리학 실험에서 사람들은 대부분 '지금 당장'을 선택한다. 바로 느린 보상을 낮게 평가하는 '지연 할인delay discounting' 현상 때문이다. 다이어트에 성공하지 못하는 것도 같은 원리가 작용하기 때문이다.

답이 있다면 당장 알고 싶고, 답이 없는 것을 견디기란 괴로운 법이다. 요즘 학생들에게는 틀려도 좋으니, 답을 1초라도 빨리 알고 싶어 하는 분위기가 강하게 느껴진다. 그래서인지 시간 대비 효율을 중시해 인터넷에서 영화의 결말만 찾아본다거나 베스트셀러를 10분으로 간추려 설명해 주는 동영상을 '2배속'으로 보기도 한다. 그들에게 실패는 비효율적이어서 절대로 용납할 수 없는 행위다. 사회 전체가 효율적인 것만을 옳다고 한다. 그런 사회에서 인재를 양성하는 일은 당연히 시간 대비 효율이 최악일 것이다. 그러나 힘들 때일수록 사람에게 투자하지 않으면 사회는 공동화空洞化되고 만다.

머리가 좋다는 건 무슨 뜻일까?

뇌는 그 자체로 현명하고 뛰어난 가능성을 감추고 있다. AI 시대가 다가왔다는 요즘, 그래서 오히려 뇌만 할 수 있는 것은 무엇일지를 생각할 기회가 많아졌다. 이 책에서는 답이 없는 것에 끈기 있게 다가서는 뇌의 작용을 중심으로 이야기했다. 사람의 숨겨진 재능을 이끌어 내는 것도 그중 하나라고 할 수 있다.

내가 좋아하는 고사성어 중에 '천리마상유千里馬常有 백락불상유伯樂不常有'라는 말이 있다. 뛰어난 재능(천리를 달리는 뛰어난 말)은 어디에든 있지만 그 재능을 알아보는 사람(백락)은 드물다는 의미다. 그래서 유능한 인재를 알아보고 채용하는 인물을 명백락이라고 한다.

사람이 재능을 꽃피우려면 시간이 걸린다. 뇌가 완성되기까지는 30년이 걸린다. 따라서 여러분이 부모나 교사, 상사라면 각각 자녀와 학생, 부하의 능력 개발을 긴 안목으로 지켜보며 참을성 있게 기다리는 태도가 무엇보다 필요하다. 한두 번의 실패로 판단을 내리는 것은 경솔한 행동이다.

이 책을 끈기 있게 마지막까지 읽어주셔서 감사드린다. 부디 여러분은 누군가에게 명백락이 되기를 바란다.

마지막으로 이 책의 완성을 참을성 있고 너그럽게 기다려 준 치쿠마쇼보의 편집부원 여러분, 특히 하네다 마사미 님께 감사의 말씀을 드린다. 또 지금까지 지도해 주신 선생님들은 모두 틀림없이 명백락이었다. 그리고 싹이 돋을지 말지 알 수 없는 내게 "하고 싶

은 대로 하라"고 참을성 있게 지지해 준 부모님과 가족에게도 감사
의 마음을 전한다.

2023년 모나이 히로무
겨울의 고동 소리가 들릴 정도로
차갑게 얼어붙은 공기에 휩싸인 도쿄에서

참고 문헌 및 영상 자료

1. 당신의 머리가 나쁘다는 착각

David G. Myers, 무라카미 이쿠야 옮김, 《마이어스의 심리학》(Psychology), 니시무라쇼텐, 2015.

나카가키 도시유키中垣俊之, 《점균─위대한 단세포가 인류를 구한다粘菌─偉大なる単細胞が人類を救う》, 분슌신쇼, 2014.

나카무로 마키코中室牧子, 《'학력'의 경제학学力」の経済学》, 디스커버트웬티원, 2015.

다이코쿠 다츠야大黒達也, 《모티베이션 뇌─'의욕'이 일어나는 메커니즘モチベ_ション脳─「やる気」が起きるメカニズム》, NHK출판신서, 2023.

모리구치 유스케森口佑, 《자신을 컨트롤하는 힘─비인지 스킬의 심리학自分をコントロ_ルする力─非認知スキルの心理学》, 고단샤겐다이신쇼, 2019.

오시오 아츠시 외小塩真司 他, 《비인지능력─개념·측정과 교육의 가능성非認知能力─概念·測定と教育の可能性》, 기타오지쇼보, 2021.

Stefan C. Dombrowski, The dark history of IQ tests(TED)

www.ted.com/talks/stefan_c_dombrowski_the_dark_history_of_iq_tests?language=ja

2. 뇌가 살아 있다는 의미는 무엇일까?

Anil Seth, 기시모토 노리후미 옮김, 《왜 나는 나인가?─신경과학이 풀어낸 의식의 수수께끼》(Being You: A New Science of Consciousness, 장혜인 옮김, 《내가 된다는 것》, 흐름출판, 2022), 세이도샤, 2022.

Dean Buonomano, 시바타 야스시 옮김, 《뇌에는 버그가 숨어 있다─진화한 뇌의 안타까운 맹점》(How the Brain's Flaws Shape Our LivesHow the Brain's Flaws Shape Our Lives, 김성훈 옮김, 《브레인 버그》, 형주, 2022), 가와데분코, 2021.

Lisa Feldman Barrett, 다카하시 히로시 옮김, 《정동은 이렇게 만들어진다─뇌의 숨은 기능과 구성주의적 정동이론》(How Emotions Are Made: The Secret Life of the Brain, 최호영 옮김, 《감정은 어

떻게 만들어지는가?》, 생각연구소, 2017), 기노쿠니야쇼텐, 2019.

Michael S. Gazzaniga, 시바타 야스시 옮김, 《인간이란 무엇인가—뇌가 밝히는 '인간다움'의 기원(상·하)》(The Science Behind What Makes Your Brain Unique, 2008), 치쿠마가쿠게이분코, 2018.

3. 머리가 잘 돌아가는 사람의 비밀

David Eagleman, 오타 나오코 옮김, 《당신의 뇌 이야기—신경과학자가 풀어내는 의식의 수수께끼》(The Brain: The Story of You, 전대호 옮김, 《더 브레인》, 해나무, 2017), 하야카와 논픽션분코, 2019.

Deborah Blum, 후지사와 다카시·후지사와 레이코 옮김, 《사랑을 과학으로 측정한 남자—이단 심리학자 해리 할로우와 원숭이 실험의 진실》(Love at Goon Park: Harry Harlow and the Science of Affection), 하쿠요샤, 2014.

Jeff Hawkins, 오타 나오코 옮김, 《뇌는 세계를 어떻게 보는가—지능의 수수께끼를 푸는 '천 개의 뇌' 이론》(A Thousand Brains: A New Theory of Intelligence, 이충호 옮김, 《천 개의 뇌》, 이데아, 2022), 하야카와쇼보, 2022.

4. 기억하는 일보다 잘 잊는 것이 중요하다!

아서 코넌 도일, 오쿠보 유 옮김, 《주홍색 에튀드》, (아오조라분코 https://www.aozora.gr.jp/cards/000009/files/55881-50044.html)

야마모토 다카미츠山本貴光, 《기억의 디자인記憶のデザイン》, 치쿠마쇼, 2020.

Dean Buonomano, 시바타 야스시 옮김, 같은 책, 가와데분코, 2021.

이와다테 야스오岩立康男, 《잊는 뇌력—뇌 수명을 늘리려면 자꾸자꾸 잊어라忘れる脳力—脳寿命を伸ばすにはどんどん忘れなさい》, 아사히신쇼, 2022.

5. 생각한 대로 신체를 움직일 수 있는가?

David Eagleman, 가지야마 아유미 옮김, 《뇌 지도를 다시 쓰다—신경과학의 모험》(Livewired: The

Inside Story of the Ever-Changing Brain, 김승욱 옮김, 《우리는 각자의 세계가 된다》, 알에이치코리아, 2022), 하야카와쇼보, 2022.

Oliver Sacks, 다카미 유키오·가나자와 야스코 옮김, 《아내를 모자로 착각한 남자》(The Man Who Mistook His Wife for a Hat, 조석현 옮김, 《아내를 모자로 착각한 남자》, 알마, 2022), 하야카와 논픽션분코, 2009.

Vilayanur Subramanian Ramachandran·Sandra Blakeslee, 야마시타 아츠코 옮김, 《뇌 속의 유령》 (Phantoms in the Brain, 신상규 옮김, 《라마찬드란 박사의 두뇌 실험실》, 바다출판사, 2007), 가도카와 분코, 2011.

고다카 겐리小鷹研理, 《몸의 착각─뇌와 감각이 만들어내는 신기한 세계『からだの錯覚─脳と感覚が 作り出す不思議な世界》, 고단샤 블루박스신쇼, 2023.

6. 감수성과 창조성은 어디서 오는가?

Daniel Z Lieberman·Michael E. Long, 우메다 치세 옮김, 《좀 더!─사랑과 창조, 지배와 진보를 가져오는 도파민의 최신 뇌과학》(The Molecule of More, 최가영 옮김, 《도파민형 인간》, 쌤앤파커스, 2019), 인터시프트, 2020.

David J. Linden, 이와사카 아키라 옮김, 《쾌감 회로─왜 기분이 좋은가, 왜 그만둘 수 없는가》(The Compass of Pleaser), 가와데분코, 2014.

Matt Johnson·Prince Ghuman, 하나츠카 메구미 옮김 《'갖고 싶다!'는 마음은 이렇게 만들어진 다─뇌과학자와 마케터가 알려주는 '쇼핑'의 심리》(Blindsight: The (Mostly) Hidden Ways Marketing Reshapes Our Brains, 홍경탁 옮김, 《뇌과학 마케팅》, 21세기북스 2021), 하쿠요샤, 2022.

쓰카다 미노루塚田稔, 《예술 뇌의 과학─뇌의 가소성과 창조성의 역동성芸術脳の科学─脳の可塑性 と創造性のダイナミズム》, 고단샤 블루박스신쇼, 2015.

이바라키 다쿠야茨木拓也, 《뉴로테크놀로지─최신 뇌과학이 미래의 비즈니스를 창출한다ニュ…_ロ テクノロジ__─最新脳科学が未来のビジネスを生み出す》, 기주츠효론샤, 2019.

Adam Alter, 우에하라 유미코 옮김, 《우리들은 그것에 저항할 수 없다─'의존증 비즈니스'가 만들어 지는 법》(Irresistible, 홍지수 옮김, 《멈추지 못하는 사람들》, 부키, 2019), 다이아몬드샤, 2019.

히로나카 나오유키廣中直行, 《애플 로고는 왜 한입 베어 문 사과일까?─마음을 사로잡는 뉴로 마케팅 アップルのリンゴはなぜかじりかけなのか?─心をつかむニュ…_ロマ_ケティング》, 고분샤신 쇼, 2018.

7. 내 마음의 해상도를 높여야 한다!

Lisa Feldman Barrett, 다카하시 히로시 옮김, 같은 책, 기노쿠니야쇼텐, 2019.

모나이 히로무毛内拡, 《'마음먹기'의 뇌과학「気の持ちよう」の脳科学》, 치쿠마프리머신쇼, 2022.

사쿠라이 다케시櫻井武, 《'마음'은 어떻게 생겨날까―최신 뇌과학으로 풀어내는 '정동'「こころ」はいかにして生まれるのか―最新脳科学で解き明かす「情動」》, 고단샤 블루박스신쇼, 2018.

8. AI에는 없고 인류의 뇌에만 있는 것

R. Douglas Fields, 고니시 시로·고마츠 가요코 옮김, 《또 하나의 뇌―뉴런을 지배하는 음지의 주역 '글리아세포'》(The Other Brain), 고단샤 블루박스신쇼, 2018.

구도 요시히사工藤佳久, 《뇌와 글리아세포―뇌기능의 열쇠를 쥐고 있는 세포들이 드러나기 시작했다!脳とグリア細胞―見えてきた！脳機能のカギを握る細胞たち》, 기주츠효론샤, 2010.

모나이 히로무毛内拡, 《뇌를 관장하는 '뇌'―최신 연구로 드러난 놀라운 뇌의 작용脳を司る「脳」―最新研究で見えてきた゛驚くべき脳のはたらき》, 고단샤 블루박스신쇼, 2020.

9. AI는 또 하나의 뇌가 될 수 있을까?

Joseph E. LeDoux, 고마이 쇼지 옮김, 《정동과 이성의 딥 히스토리―의식의 탄생과 정동의

진화 40억 년의 역사》(The Deep History of Ourselves, 박선진 옮김, 《우리 인간의 아주 깊은 역사》, 바다출판사, 2021), 가가쿠도진, 2023.

Kai-Fu Lee·Stanley Chan, 나카하라 나오야 옮김, 《AI 2041―인공지능이 바꿀 20년 후의 미래》(AI 2041, 이현 옮김, 《AI 2041》, 한빛비즈, 2023), 분게이순주, 2022.

Max Erik Tegmark, 미즈타니 준 옮김, 《LIFE 3.0―인공지능시대의 인간》(LIFE 3.0, 백우진 옮김, 《맥스 테그마크의 라이프 3.0》, 동아시아, 2017), 기노쿠니야쇼텐, 2019.

쓰다 이치, 《마음은 모두 수학이다心はすべて数学である》, 분슌가쿠게이라이브러리, 2023.

쓰카다 미노루塚田稔, 《뇌의 창조와 ART와 AI脳の創造とＡＲＴとＡＩ》, OROCO PLANNING, 2021. 이 책의 이해를 돕기 위해 먼저 《아트를 감상할 때 뇌 속에서 무슨 일이 일어나는가?》를 읽어두기 바란다(gendai.media/articles/-/101450).

오타 히로아키太田裕朗, 《AI는 인류를 몰아낼 것인가―자율 세계의 도래ＡＩは人類を駆逐するの

머리가 좋다는 건 무슨 뜻일까?

か―自律世界の到来》, 겐토샤신쇼, 2020.

우에다 후미야植田文也, 《에콜로지컬 어프로치―'가르치다'와 '배우다'의 가치관이 극적으로 바뀌는 새로운 운동학습 이론과 실천エコロジカル・アプロ_チ―「教える」と「学ぶ」の価値観か劇的に変わる新しい運動学習の理論と実践》, 솔미디어, 2023.

하시토 오사무橋本治, 《지지 않는 힘負けない力》, 아사히분코, 2018.

하하키기 호세帚木蓬生, 《네거티브 케이퍼빌리티―답이 나오지 않는 상황에 견디는 힘ネガティブ・ケイパビリティ―答えの出ない事態に耐える力》, 아사히센쇼, 2017.

Laura Schulz, 〈놀랍도록 논리적으로 사고하는 아기들The surprisingly logical minds of babies〉 (www.ted.com/talks/laura_schulz_the_surprisingly_logical_minds_of_babieslanguage=ja)

옮긴이 **안선주**

이화여자대학교 통번역대학원 한일통역과를 졸업한 뒤 방송, 영화, 금융 등 여러 분야에서 통번역가로 근무했다. 지금은 엔터스코리아 일본어 번역가로 활동하고 있다. 《스마트한 사람은 질문으로 차이를 만든다》《몸을 상상하라》《유럽 최후의 대국, 우크라이나의 역사》《탐닉의 설계자들》 등 다수의 책을 우리말로 옮겼다.

머리가 좋다는 건 무슨 뜻일까?

초판 1쇄 발행 2025년 2월 28일

지은이 • 모나이 히로무
옮긴이 • 안선주

펴낸이 • 박선경
기획/편집 • 이유나, 지혜빈, 김슬기
홍보/마케팅 • 박언경, 황예린, 서민서
디자인 제작 • 디자인원(031-941-0991)

펴낸곳 • 도서출판 갈매나무
출판등록 • 2006년 5월 18일 제2016-000085호
주소 • 경기도 고양시 일산동구 호수로 358-39 (백석동, 동문타워 I) 808호
전화 • 031)967-5596
팩스 • 031)967-5597
블로그 • blog.naver.com/kevinmanse
이메일 • kevinmanse@naver.com
페이스북 • www.facebook.com/galmaenamu
인스타그램 • www.instagram.com/galmaenamu.pub

ISBN 979-11-91842-80-7 (03400)
값 18,500원